KB019814

ZUKAI EV KAKUMEI 100NEN NI ICHIDO NO BUSINESS CHANCE GA ICHIMOKURYOZEN!
by Yoshihisa Murasawa

Original Japanese edition published by Mainichi Shimbun Publishing Inc.

목 차

머리말 13

서문 | 알쏭달쏭한 전기자동차

01 전기자동차란 무엇인가? 16

02 주행거리 600 km 18

03 충전 방법은? 20

04 Ecology와 Economy 22

COLUMN 전기자동차를 누가 죽였나? 24

제1장 | EV 혁명의 충격

05 100년에 한 번 있을 산업대변환, 토요타의 강점이 약점이 되다!? 26

06 토요타가 뒤처진 이유 ① (프리우스의 딜레마) 28

07 토요타가 뒤처진 이유 ② 하청 피라미드 구조의 속박 30

08 연료전지차 'MIRAI(未來)에 미래는 없다!? 32

09 토요타가 EV로의 본격적인 진출을 표명 34

COLUMN 토요타는 두 번 EV에 도전하고 있다 36

제2장 | 가솔린에서 벗어나려는 자동차 산업

10 100년만의 대전환 38

11 EV로 자동차 부품 수 30 % 감소 40

12 EV로 전환하려는 프랑스, 영국, 중국 42

13 2025년까지 EV 전환, 앞서 나가는 노르웨이 44

14 세계적으로 진행 중인 HEV 탈출 46

15 국가정책 '수소사회'에 미래란 없다 48

16 EV 시장의 진입장벽 붕괴 50

COLUMN 초소형 EV의 실용화 52

제3장 | 급성장하는 중국의 EV 시장

17 세계 시장을 선도하는 중국 54

18 EV의 대국 중국 56

19 중국의 국책인 EV 보급 58

20 EV 자동차 구입은 무규제 60

21 군웅할거(群雄割據) 시대의 EV 업체들 62

22 압도적으로 유리한 중국 EV 업체들 64

23 EV 왕국으로 향하는 외국 기업 66

24 중국에서의 EV 선점 경쟁 68

25 중국에서 일본 자동차 업계는 어떻게 경쟁하고 있나? 70

COLUMN 압도적인 환경기술의 중국 72

제4장 | 이업종 간에 시작된 전쟁!

26 경계 없는 무한 경쟁 기술 74

27 다이슨의 야망 76

28 자동차에 다가서는 애플과 구글 78

29 EV에 진출하는 파나소닉 80

30 태양광 발전에서 얻는 교훈 82

COLUMN 소프트뱅크의 EV가 등장할까? 84

제5장 | 테슬라 쇼크

31 GM을 웃도는 시가총액 86

32 귀재 일론 머스크 88

33 테슬라의 회사명은 왜 '테슬라'인가? 90

34 테슬라의 라인업 92

35 EV에서 태양광 발전까지 94

COLUMN 테슬라 주식으로 5배의 이익, 그래도 후회된다!? 96

제6장 EV를 둘러싼 자동차 산업 지도

36 EV를 둘러싼 자동차 산업 지도 98
37 'e-POWER'로 약진하는 닛산 100
38 닛산 · 르노 · 미쓰비시의 EV 전략 102
39 EV로의 전환을 굳힌 VW과 볼보 104
40 세계 최고의 중국 EV 업체 BYD 106
COLUMN GM의 EV 전략 'Volt' 다음은 'Bolt'! 108

제7장 EV 혁명 1100조 원 시장의 충격

41 전기자동차의 구조 110
42 EV로 사라지는 부품, 생겨나는 부품 112
43 EV를 둘러싼 전지 업계의 경쟁 114
44 고체 전지로 2020년대의 주역을 목표로 하는 토요타 116
45 소재업체에 부는 순풍: 스미토모금속광산(양극재) 등 118
46 모터를 둘러싼 수주 전쟁 120
47 모터 기업 일본전산의 EV 진출 122
48 반도체, 센서기술로 주목받는 일본 기업 124
49 소재 · 차체 구조로 주목받는 기업 126
50 지도 · 자율주행 관련 128
51 EV용 충전소 업계 130
52 새로운 충전 방식의 탄생 132
53 태양광 발전+배터리+EV 134
COLUMN EV의 '혈액' 리튬, 물보다 가벼운 금속을 둘러싼 경쟁 136

제8장 | 중소기업에게 기회가 될 수 있는 EV 혁명

54 EV 벤처들, 거인들과 악수 138

55 성장 산업의 함정 140

56 미국의 small 100 142

57 EV로 환생하는 빈티지카 144

COLUMN 요시히사 무라사와 교수가 주목한 컨버트 EV 146

제9장 | 기술력으로 다시 전성기가 올 수 있는가?

58 전성기가 도래하기 위한 조건 148

59 성공담을 잊어버리자! 150

60 EV에 쏠리는 기술과 자본 152

COLUMN '기술에서 이기고 비즈니스로 진다'는 과오의 반복은 그만 154

제10장 | 2030년의 EV 시장 '대비 예측'

61 종말의 가솔린 왕국, EV 왕국으로 156

62 전기자동차의 새로운 빅3 158

63 어디든 주행하는 전기자동차 1 160

64 어디든 주행하는 전기자동차 2 162

65 라이프스타일은 이렇게 변한다 164

찾아보기 167

머리말

인간이 지구상에 존재하면서 이루어 낸 수많은 업적들 가운데 자동차의 발명은 우리 생활에 많은 것을 변화시켜 왔다. 따라서 지금 우리는 경제, 사회, 문화 등 모든 분야에 있어서 자동차에 대한 의존도가 더욱 높아지고 있다. 이 시대를 살아가는 사람들은 자동차가 없는 삶은 상상조차 할 수 없을 정도로 자동차는 이제 우리 신체의 일부와도 같은 필수적인 존재이다.

이처럼 자동차는 우리 인류에게 엄청난 혜택을 주고 있지만, 한편으로는 우리의 건강과 자연생태계에 심각한 유해를 가하고 있음은 누구도 부인할 수 없다. 화석연료를 사용함으로써 발생되는 스모그, 그리고 최근 들어서 사회적인 이슈가 되고 있는 미세먼지 역시 자동차가 화석연료를 사용해서 발생하는 입자상물질과 질소산화물과 같은 이차적으로 생성되는 오염물질에서 기인하고 있기 때문이다. 또한 연소 시에 필연적으로 생성되는 이산화탄소와 같은 온실 가스는 기후변화로 지구의 생태를 바꾸고, 그로 인해 인류의 공멸을 시사하는 여러 가지 현상이 발생하고 있다. 따라서 1992년 리우 정상회의, 1997년 교토의정서, 2015년 파리협약 등 기후변화를 막기 위해 국제적으로도 많은 노력들을 하고 있다. 또한 지금까지 우리의 패러다임을 바꿀 수 있는 과학적인 대안 기술들도 속속 나오고 있다. 최근 들어서 4차 혁명과 환경규제 강화 등 산업의 경계가 무한 확장되면서 자동차 또한 전기, 수소 전기차, 연료전지 등 동력원의 변화와 함께 AI, ICT, 빅데이터 서비스로의 적용과 개발도 한창이다.

특히 요즘은 세계적으로 휘발유나 경유 등과 같은 화석연료를 사용하는 지금까지의 내연기관에서 탈피하여 태양광, 풍력 등 자연에서 얻을 수 있는 전기를 사용하는 자동차로 급속히 변화하는 추세이다. 기존의 내연기관 자동차에서 전기자동차로 혁명적으로 변화해 가는 것이다. 이러한 시대에 맞추어 전기자동차에 대해 쉽게 이해할 수 있는 책을 저술하려고 여러 가지 자료를 준비하던 중, 마침 전기자동차에 대해서 일반인도 비교적 알기 쉽게 저술한 책이 있어 번역서를 내놓기로 했다. 이 책에는 내연기관에서 혁명적으로 변화해 가는 전기자동차에 대한 충격과 그동안의 발전과정, 기존 자동차 제작사의 판단 오류와 연구자들이 여러 가지 방법으로 시도했던 성공과 실패 사례가 담겨져 있다. 또한, 미국의 테슬라가 혜성과 같이 등장하는 과정, 내연기관에서 뒤처진 중국이 전기차로 급성장하는 과정 등이 있다. 이제는 전기자동차도 가전제품과 같이 사용할 수 있고 우리 안방에 두는 시대가 도래할 수 있으며, 배터리의 성능향상에 따라 무한히 발전할 수 있다고 전망하고 있다. 그리고 이제는 누구든지 적은 자본과 소규모로 각자의 취향과 용도에 맞는 전기차를 만들 수 있으며 향후의 전망은 무한하다고 밝히고 있다.

끝으로 이 역서가 나오기까지 도움을 주신 분들께 감사의 뜻을 전한다. 먼저 훌륭한 책을 저술해주신 무라사와 요시히사 교수, 출판을 맡아주신 북스힐 관계자 분, 그리고 감수를 해 주신 김종춘 전 소장님, 자료를 정리하는 데 도움을 준 서동화 군에게 고마움을 전한다. 공학도 또는 공학적 소양이 없는 분들도 요즘 대세인 전기자동차에 대한 흥미를 갖고 이 책을 읽기를 바란다.

2019년 11월

북악캠퍼스에서

이성욱

서문

알쏭달쏭한 전기자동차

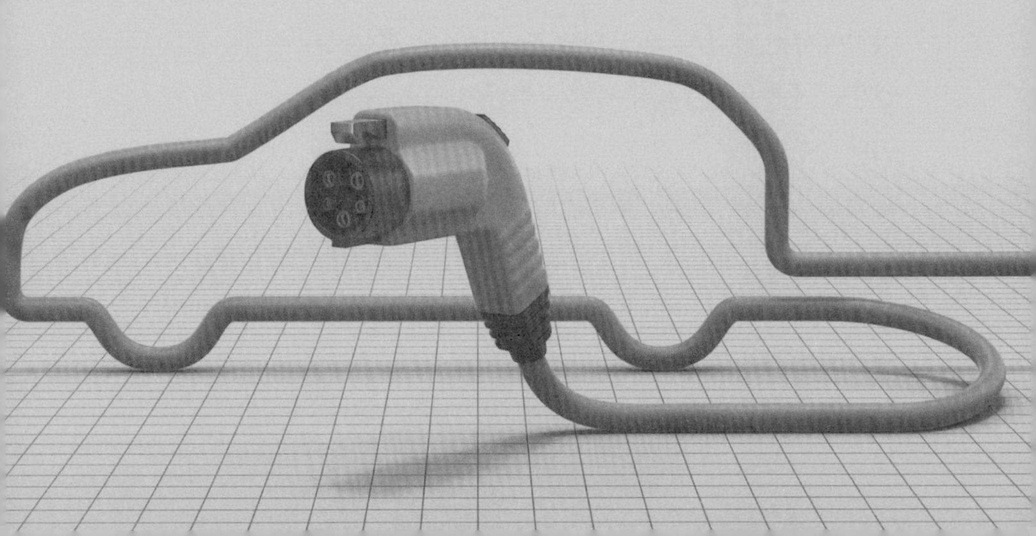

01

전기자동차란 무엇인가?

엔진 대신 모터로 달리다

최근 대기오염과 기후변화에 대한 대응 방안으로 전기자동차가 매스컴을 통해 자주 나오고 있다. 그런데 일반적으로 전기차에 대해서 구체적으로 잘 모르겠다는 이야기를 종종 듣는다. 전기자동차(EV, Electric Vehicle)란 무엇인가? 가장 단순하게 말하자면 자동차를 움직이게 하는 동력이 엔진 대신에 모터를 이용한다고 보면 될 것이다. 통상 디젤과 가솔린차는 경유와 가솔린을 에너지원으로 하여 엔진을 움직여 주행한다. 이에 비해 EV는 전기로 모터를 구동시켜 바퀴(차륜)를 회전시킨다는 것이 큰 차이점이다. 운전은 보통 자동차와 마찬가지로, 액셀과 브레이크로 가속과 감속을 조작한다. 그러나 미래에는 브레이크 페달 없이, 엑셀 페달만으로 조작이 가능하게 될 전망이다.

즉, 가속 페달을 밟다가 가속 페달에서 발을 떼면 브레이크가 작동하는 방식으로 조작할 수 있다. 모터라고 하면 힘이 약하다는 선입견을 가질 수 있으나, 전혀 그렇지 않다. 주행 성능이 뛰어나며 부드러우면서 강력한 가속도를 얻을 수 있다. 게다가 조용하고 진동이 없다. 가솔린 엔진에서는 실린더 내에 휘발유와 공기의 혼합기를 폭발, 연소시켜 피스톤을 왕복운동시켜 바퀴를 굴린다. 따라서 왕복운동에 의한 엔진소음이나 진동이 발생하게 된다.

반면 모터는 왕복운동 없이 애초에 회전운동을 하기 때문에 진동이 거의 없다. 또한 연소실이 없으므로 연료의 폭발이 없기 때문에 엔진소음도 없다. EV에는 변속기(트랜스미션) 역시 없다. 엔진의 경우 차량이 출발하는 저속 운전 영역에서는 토크가 작기 때문에 차량 발진 시 엔진의 회전수를 올려 마력을 확보하고 낮은 기어로 감속해 토크를 얻는다. 그리고 차속이 붙으면 높은 단수의 기어로 변속을 한다. 이와는 대조적으로 모터는 회전수에 관계없이 일정한 높은 토크를 얻을 수 있으므로 변속기는 필요 없다. 당연히 기어 변속 때 일어날 수 있는 충격도 없다. 그러므로 조용하고 진동과 변속 충격이 없으므로 안정된 승차감을 가질 수 있다. 모터 저널리스트적인 표현을 사용하자면 '큰 토크로 부드럽게 달리는' 체험을 할 수 있다.

그림 전기자동차의 구조

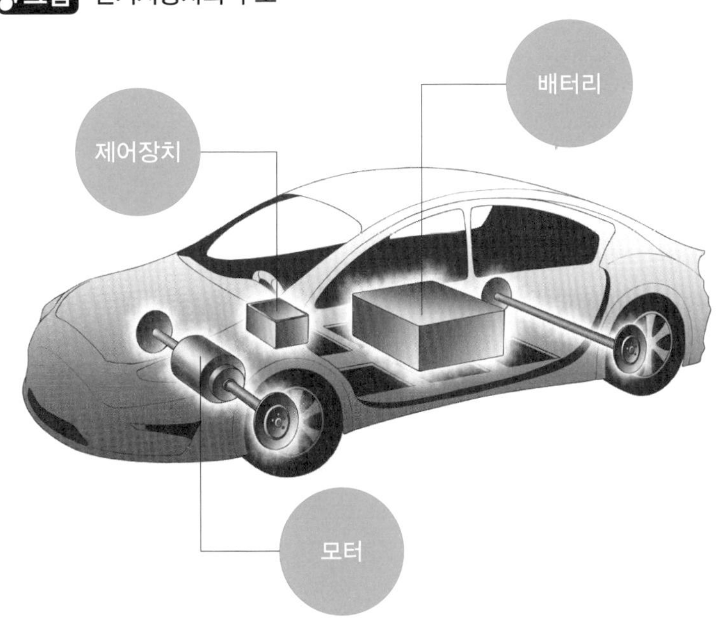

(출처) wikipedia

02

주행거리 600 km

주행거리가 2배로 늘어난 신형 리프

EV의 주행 성능이 좋다는 것은 앞 절의 설명으로 알 수 있겠지만, 아직도 의구심은 남아 있다. EV는 근거리용으로는 괜찮지만 장거리 여행을 가기에는 불안하지 않을까? 일본 최초의 양산형 EV인 미쓰비시사의 'i-MiEV'(2009년 판매)는 주행거리(1회의 충전으로 달릴 수 있는 거리)가 고작 160 km였다. 연비가 좋은 가솔린차의 주행거리는 연료를 가득 채웠을 경우 1000 km 정도 되는데, 이와 비교해 보면 턱없이 짧다. 게다가 EV의 주행거리는 어디까지나 '제원표'상의 값이며, 실제로 주행할 수 있는 거리는 약 80~120 km 정도에 불과했다(실제 주행거리가 제원표보다 짧은 것은 가솔린차도 마찬가지이다). 1년 후에 판매된 1세대 닛산 리프도 제원상으로는 200 km로 되어 있었으나, 실제로는 70 % 정도에 불과했다.

그러므로 EV 타기를 주저하는 것도 당연하다. 이러한 문제점은 배터리와 관련되어 있는데 'i-MiEV'의 경우, 차량 총중량 1100 kg 중에서 배터리(차 밑에 설치) 무게만 약 200 kg에 달한다. 이로 인해 실제 주행거리가 100 km 정도이니 300 km를 주행하려면 배터리만 600 kg이 필요하다는 이야기이다. 'i-MiEV'는 분류상 경형 자동차에 속하지만 이만큼의 배터리를 탑재하려면 차량 총중량이 중형 승용차가 되는 것이다.

이것은 2009~2010년경의 예전의 기술이지만, 2019년 현재의 상황은 크게 변하고 있다. 신형 '리프'의 제원상 주행거리는 400 km(실제 주행 시 280 km 정도)이다. 이는 최초 판매 당시의 모델과 비교하면 2배가 증가한 것으로, 사용할 만한 기술로 발전되었다. 서울에서 대전까지

가까스로 왕복할 수 있는 거리이다. 미국의 테슬라 '모델S'는 최대 594 km의 주행을 할 수 있다. EV 보급을 가속하기 위해서는 실주행거리가 300 km는 되어야 한다. 일본의 신형 '리프'도 아직 부족하지만 닛산의 고급 모델 주행거리는 480 km(제원표)로, 실제 주행거리 역시 300 km를 달성하고 있다.

그림 가솔린, 하이브리드, 전기차의 1회 주유 • 충전 시 주행거리 비교

가솔린 차	하이브리드 차	EV
약 1000 km	약 1600 km	약 400~600 km

(참고) 위의 값은 제원표 기반이다. 가솔린차는 토요타 코롤라(1500 cc, 23.4 k/L), 하이브리드 차는 프리우스, EV는 리프와 테슬라 '모델S'(100D)를 기준으로 했다.

그림 EV 주행거리 변화 기술

초기의 리프(2010년 판매)

200 km

2세대 리프(2017년 판매)

400 km

테슬라 '모델S'(100D)

594 km

03

충전 방법은?

스마트폰처럼 충전은 간단!

EV는 전기로 달리는 만큼 당연히 충전해야 하며 그 방법에는 두 종류가 있다. 우선 '일반 충전법'이 있는데, 이 충전법은 220 V의 가정에서도 충전을 할 수 있다. 충전 방법은 간단한데 충전용 케이블을 차량의 충전구에 연결하면 된다. 쉽게 말하면 스마트폰의 충전과 같은 방식이다. 고속도로 휴게소나 쇼핑몰 등에도 충전기가 설치되어 있어 나들이 장소에서도 이용할 수 있다. 2018년 우리나라에는 30분에 80 %를 충전할 수 있는 급속 충전기가 3,858대가 설치되어 있다. 완속 충전기는 완전 충전하는 데 대략 8시간이 걸리므로, 이를 보완하기 위해 등장한 것이 급속 충전기이다. 참고로 현재 일본 전국에는 약 7000여 대가 설치되어 있으며, 주유소의 수가 약 3만 개이므로 급속 충전기가 2만 개 정도 되면 EV의 보급이 급격히 가속화될 것으로 보인다. 다만, 이것만으로 문제가 해결된다는 것은 아니다. '급속'이라고 해도 30분 정도 시간이 걸린다. 가솔린차의 경우, 주유가 대략 3분 정도라는 점을 감안하면 상당한 시간이 걸린다는 의미이다.

EV 충전 방법은 차량 사용 후, 바로 충전 케이블을 연결하는 것이다. 1시간 후에 다시 출발한다고 해도 그 사이에 일반 충전으로 20~30 km를 달릴 수 있는 충전이 가능하다. 저녁 퇴근 후 귀가해서 배터리가 거의 방전되었다고 해도, 다음날 아침 출근 시간까지 충전하면 완전 충전이 되어 있을 것이다. 외출 전후로 충전 케이블을 연결하거나 떼는 게 번거롭다는 불만도 있을 것이다. 이러한 작업은 셀프주유소에서도 하는 간단한 작업이지만 급속 충전용 케이블은 굵고 무겁기 때문에 더더욱 번거로울 수 있다. 이러한 문제에 대처하기 위해 케이블 없이도 충전할 수 있는 비접촉 충전기가 개발되고 있다. 그 밖에도 충전의 번거로움을 근본적으로 해결하기 위한 다양한 방법들이 검토되고 있다.

그림 EV의 충전 방식

충전 방식	일반 충전	급속 충전	〈참고〉 (가솔린 급유)
충전 시간	약 8시간	약 30분	3분
일본 내 충전소 수	약 2만 1000개소	약 7000개소	약 3만 개소

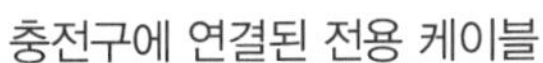
충전구에 연결된 전용 케이블

'BMV'의 비접촉 충전기

04 Ecology와 Economy

EV의 연비(전기비)가 5배 우수

EV를 구입하는 동기로 '유지비(연료비)가 싸다'는 운전자가 많다. 즉 economy(경제성)를 지향하지만, EV를 보급시키는 최대의 목적은 이산화탄소(CO_2)의 저감, 즉 'ecology(환경성)'이다. 이 두 개의 'eco'는 양립할 수 있는 것인가?

먼저 ecology에 대해 생각해 보자. EV는 주행 중 CO_2 배출은 제로이다. 그러나 전기를 만들기 위해 화력발전소에서 석탄과 석유 등의 화석연료를 태우므로 CO_2는 발생하고 있다. 그래도 EV는 가솔린차보다 친환경적인가? 그것을 증명하기 위한 적절한 차가 미쓰비시의 'i-MiEV'이다. 경자동차인 'i'를 기본 플랫폼으로 하고 있으며, 제원상 연비 에너지(cal)를 계산해 보면, EV인 'i-MiEV'가 가솔린차인 'i'보다 5배나 우수한 것으로 밝혀졌다. 전기의 경우에는 발전소에서의 효율과 송전 과정에 있어서의 손실을 고려해야 한다. 또한 가솔린차의 경우에는 원유정제 과정에 있어서의 에너지 손실을 고려할 필요가 있다. 하지만 이것들을 고려해도 EV가 가솔린차보다 대체적으로 3~4배 효율이 우수하다. 특히 EV의 경우, 발전을 태양광이나 풍력 등 신재생으로 조달하게 된다면, 종합적으로 CO_2 제로가 가능하다.

또 하나의 eco인 economy는 어떨까? 예를 들어 가솔린차량을 리터당 1300원, 전기세를 kWh당 173~250원으로 계산하면 가솔린차 i의 경우 1 km당 65원이 된다. 이에 비해 'i-MiEV'의 전기세는 불과 17~25원이 든다. Economy에서도 EV 쪽이 우수함을 알 수 있다. 더군다나 EV는 향후 양산화가 진행되면 차량 가격이 더욱 내려갈 것이다.

즉, 두 개의 eco는 양립한다는 것이 된다.

그림 EV는 Ecology와 Economy의 두 eco 양립이 가능

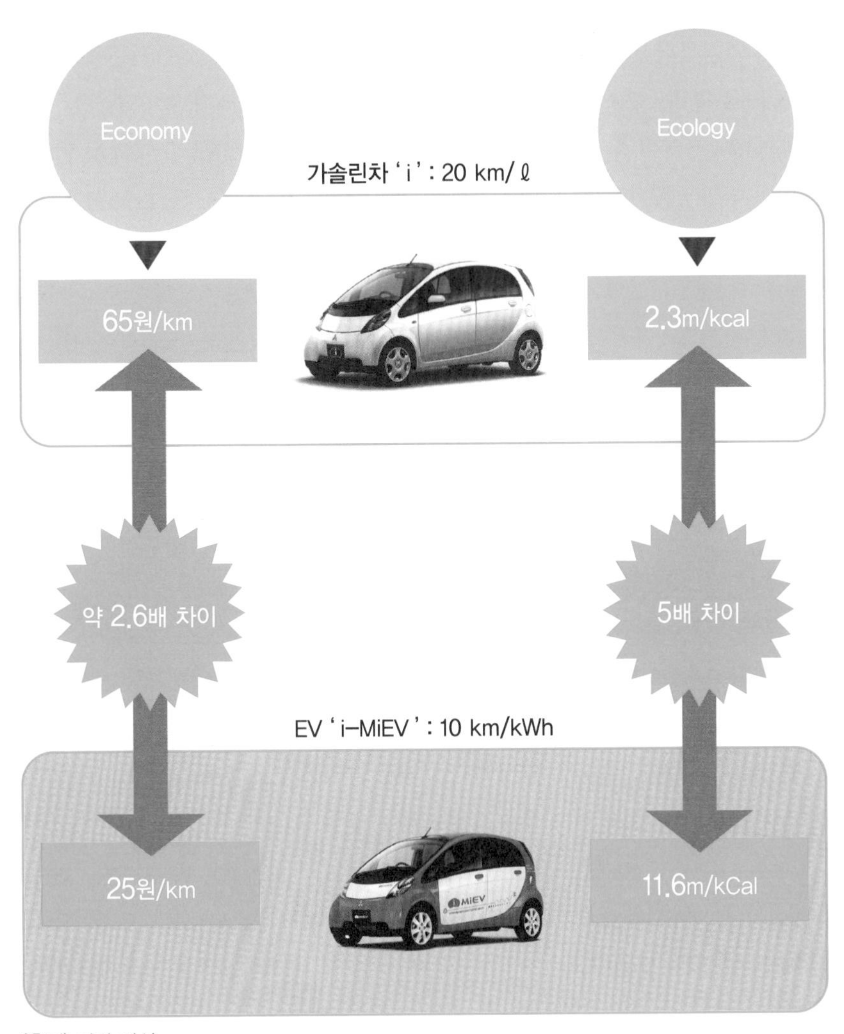

(출처) 저자 작성

전기자동차를 누가 죽였나?

EV 붐은 과거 테슬라 '로드스터'가 판매를 개시한 2008년부터 '리프'의 판매시점인 2010년경까지 몇 차례에 걸쳐서 시도되었다. 그 전에 1996~2003년경에도 캘리포니아주의 ZEV(Zero Emission Vehicle) 규제를 계기로 EV가 출시되었다. ZEV 규제는 GM, FORD 등 주요 자동차 회사 7사에 대해서 캘리포니아주에서 판매되는 자동차의 일정 비율을 ZEV 차량으로 의무화하는 제도이다. 즉, 1998년에 2 %, 2003년에는 10 %를 ZEV로 의무화하는 것이다.

가장 먼저 대응한 업체가 GM이었다. 1990년 1월, GM은 로스앤젤레스 오토쇼에서 EV 콘셉트카 'Impact(임팩트)'를 선보였다. 이를 개량시켜 1996년에는 양산형 EV인 'EV1'을 완성시켰고, 12월에는 납품(리스 전용)을 개시했다. 납축전지를 탑재하였으며 주행거리는 겨우 112~160 km였다.

1999년에는 배터리를 니켈 수소 축전지로 변경한 2세대 'EV1'을 도입하게 된다. 주행거리는 160~230 km로 늘어났지만 초창기부터 화재 문제 등 잡음이 끊이지 않은데다 GM의 진정성도 의심되었다.

우여곡절 끝에 GM은 1999년에 생산을 중단하고, 2003년 말에 공식적으로 'EV1'의 생산 계획을 중단하였다. 총 판매 대수는 1117대로, 중단 이유로는 고비용 때문에 채산성에 맞지 않는다는 등의 설명이 나왔지만 소비자들은 납득하지 않았다. 더욱이 문제가 된 것은 그 이후의 태도였다. GM은 단지 제조 · 판매를 중지하였을 뿐만 아니라, 이미 판매된 'EV1'의 회수를 실시하여 일부 EV 사용자로부터 비난을 받기도 하였다. 이 'EV1'의 전말을 다룬 것이 다큐멘터리 영화 'Who Killed the Electric Car?'('전기자동차를 누가 죽였나?')이다. 이 영화에서는 'EV1' 계획을 중단하고, 판매한 차량 대부분을 폐차시키도록 GM에 압력을 가한 석유회사 등을 강하게 비판하고 있다.

제1장

EV 혁명의 충격

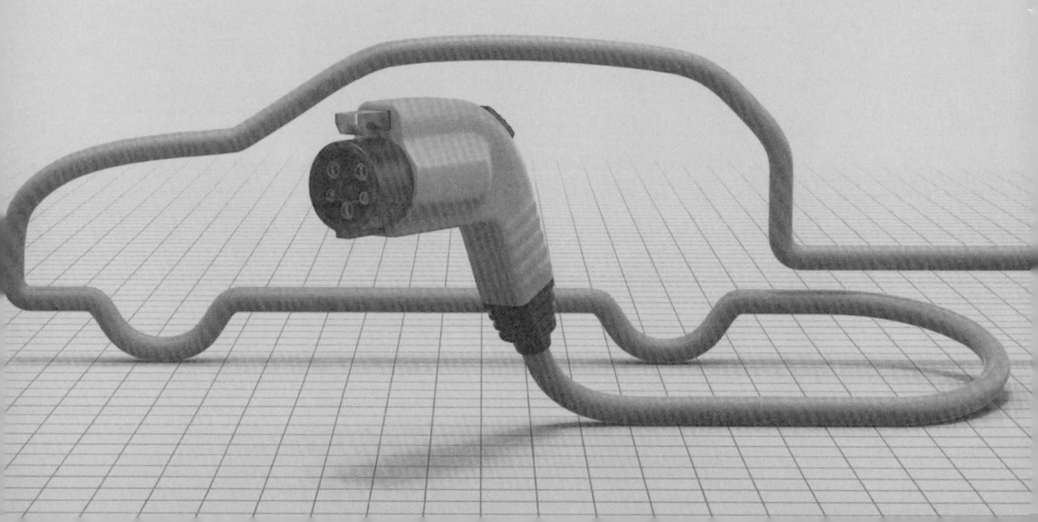

05

100년에 한 번 있을 산업대변환, 토요타의 강점이 약점이 되다!?

가솔린차의 종말

EV의 전성기

▼

EV·가솔린의 공존

▼

가솔린차 전성기

▼

HEV 등장

▼

EV 시대로

- 1870 — EV가 유럽에서 실용화 (1870년 대)
- 1880
- 칼 벤츠가 가솔린차 발명 (1885년)
- 1890
- 1900
- 1910
- 1920 — 석유 가격 하락으로 가솔린차가 단숨에 보급 (1920년경)
- 1980
- 1990
- 토요타가 하이브리드 차 (HEV) 프리우스 출시 (1997년)
- 2000
- 2010 — 닛산 EV 리프의 판매 개시(2010년)
- 2020

최근의 EV 붐은 '100년에 한 번 있을 혁명'이라고 해도 과언은 아닐 것이다. 사실은 세상에 자동차용 동력원으로 내연기관보다 EV가 먼저 출시되었다. 독일의 칼 벤츠 등이 가솔린차를 처음 제작한 것이 1885년인데 비해, EV는 이보다 앞선 1830년대에 이미 발명되어 있었다. 또한 시속 100 km를 달성한 것도 EV가 먼저였으며, 승차감 또한 EV가 월등히 우수하여 이대로 가다가는 '자동차=EV'가 성립되는 듯하였다. **그러나 미국과 중동에서 많은 유전이 발견되면서 유가가 떨어지기 시작하였고, 가솔린차가 경제적으로 유리해지면서 가솔린 차량 전성시대가 열리게 되었다.**

가솔린차가 대중화된 또 하나의 이유는 급속한 엔진기술의 발전이었다. 초기 차량은 시동 모터가 없어 운전자가 수동으로 시동을 걸었고, 초기 수동 기어 방식의 차량은 발진 중에 자주 시동이 꺼지는 문제점과 배기가스로 인한 공해 문제가 심각하였다.

이러한 문제들은 150여년에 걸쳐 엔진 기술 개발과 시스템의 전사화로 인해 대폭 개선되면서 가솔린차의 대중화를 이끌게 되었다. 이러한 가솔린차 기술의 정점에 이른 것이 토요타 자동차를 시작으로 하는 일본 업체들이다.

그러나 흥미로운 것은 석유 덕분에 대약진한 가솔린차 시대를 이번에는 석유가 종식시키려고 한다. 이산화탄소(CO_2)에 의한 지구 온난화 문제에 의해서 EV가 100여년 만에 다시 등장한 것이다.

전기 모터는 가솔린 엔진에 비해 구조가 월등히 간단하다. 토크가 강하고 진동이 없는 데다 제작하기가 용이하다. 이는 모터를 사용한 EV 역시 만드는 것이 간단하다는 의미이다. 어떻게 보면 기존 자동차 업체에게 있어서는 큰 문제가 아닐 수 없다. 가솔린차에서는 훨씬 뒤처지는 중국 등의 신흥국이나 신흥 제조업체에서도 충분한 성능의 차를 만들 수 있다는 의미이기 때문이다. 이대로라면 기존 자동차 제조업체의 유리한 지위는 사라질 수도 있을 것이다.

06 토요타가 뒤처진 이유 ① (프리우스의 딜레마)

프리우스의 대성공으로 EV 개발이 뒤처졌다?

얼마 전 자동차 산업의 전망을 보여준 사건이 일어났다. 2016년 11월, 닛산 자동차 '노트'가 신차 판매량에서 처음 정상에 오른 것이다. 이전까지 정상을 차지했던 토요타 자동차의 하이브리드인 '프리우스'는 3위로 물러났다. 1위를 차지한 주요 원인은 '노트 e-POWER'라고 하는 동력장치 때문이다.

하이브리드 차량은 크게 패러럴(parallel)과 시리즈(series) 두 가지 방식으로 분류한다. '패러럴' 방식에서는 엔진과 모터가 동시에(패러럴에) 차륜을 구동한다. 반면 '시리즈' 방식에서는 바퀴를 구동하는 것은 모터뿐이며 엔진은 발전용으로 구동하여 전기만을 공급한다. 주동력이 모터이므로 주행 성능상 EV와 같다고 할 수 있다.

'노트 e-POWER'는 '시리즈' 방식으로, 일반적으로 출발할 때에는 엔진을 정지한 채로 배터리의 전력만으로 주행하며, 발진 후에는 엔진을 가동시켜 발전시키고 이 전기로 구동하는 방식이다.

한편 '프리우스'는 기본적으로는 패러럴 방식으로, 일반적으로는 엔진만으로 주행하다가 동력이 필요할 때 엔진과 모터를 모두 사용한다. 주동력은 엔진이고 모터는 보조적인 역할을 하는 것이다.

이러한 '프리우스'를 플러그인(외부로부터 충전할 수 있도록 함) 형태로 개량한 것이 '프리우스 PHEV'이다. 이는 분명히 가솔린차 → HEV → PHEV → 순수 EV로 가는 중요한 가교의 역할을 하고 있다. 그러나 프리우스의 경우는 그리 간단하지가 않다. 문제는 엔진과 모터 양쪽에서 출력을 발휘하는 구조의 패러럴 방식에서는 모터만으로 주행하는 EV

방식에 비해 출력이 절반에 지나지 않는다는 것이다. 또한 엔진을 없애고 '프리우스 EV' 형태로 진화한다고 하면 프리우스가 자랑해온 정밀하고 복잡한 제어 기구가 필요 없게 되어버린다. 현재 '프리우스'가 HEV로서 완벽한 자리매김을 해 왔기 때문에 이런 점에서 고민이 깊어지면서 프리우스 딜레마에 빠지게 되는 것이다.

그림 프리우스 VS 노트

프리우스 VS 노트 e-POWER		
	프리우스	노트 e-POWER
하이브리드(HEV)의 방식	패러럴 방식	시리즈 방식
구동 방법	엔진과 모터가 동시에 바퀴를 구동한다.	구동하는 것은 모터뿐이고 엔진은 발전용으로 전기를 공급한다. 주동력은 모터이며, 주행 성능상 EV와 동일하다.

'프리우스의 딜레마'란?

완벽한 HEV 자동차 프리우스의 대성공

뒤처진 EV 분야

07

토요타가 뒤처진 이유 ② 하청 피라미드 구조의 속박

토요타 자동차가 EV 개발에 뒤처진 이유 중 하나로는 거대한 하청 피라미드 구조에서 벗어나지 못한 것도 있다. 자동차 한 대에 들어가는 부품 수는 약 3만 개에 이른다. 이들 각 부품들의 모든 기술을 토요타가 소유한다는 것은 불가능할 것이다. 자회사나 하청기업들로부터 부품을 조달하지만 기술적 협조와 조정은 상호 필수적이다.

이는 오랜 기간 동안 구축된 신뢰 관계에서 형성된 것으로 완성차업체에 있어서 중요한 무형의 자산이다. 이러한 상호관계가 특히 강건한 곳이 바로 토요타 자동차이다. 그리고 이러한 상호협조적인 기술 대부분이 가솔린 엔진에 집중되어 있다. 대표적인 기업이 덴소(DENSO)이다.

덴소의 전신은 토요타 자동차의 전장부품 개발 부서였으며 1949년에 일본전장㈜으로 창업했다. 그러나 문제는 주로 엔진 관련 부품이 많다는 점이다. 대표적으로 냉각장치(라디에이터, 냉각팬, 인터쿨러, 오일쿨러 등), 엔진의 전장(점화코일, 마그네틱, 분배기, 점화플러그, 배기센서, 연료분사장치) 등을 들 수 있다. EV 시대가 되면 이들 부품들은 사실상 필요 없게 된다.

아이신(AISIN) 정밀기기의 경우도 마찬가지로 주요 생산제품은 엔진과 트랜스미션이 주를 이루고 있다. 특히 세계 최고수준이라고 일컬어지는 자동 변속기가 만약 EV로 인해 무용지물이 된다면 큰 타격을 입을 것은 뻔한 일이다. 이러한 부품회사 아래에는 관련 자회사나 2차, 3차, … 하청업체들이 존재하며 이들 회사들은 연속해서 상호 연결되어 있다.

독일 자동차 공업회에서는 '엔진이 없어진다면 독일 내에서 60만 명 이상의 고용에 영향을 줄 수 있다'라는 조사결과도 있다. 일본에서도 마찬가지로 너무 커져버린 공룡은 작은 포유류의 진화로 인해 없어질 수 있다는 것, 이것이 오늘날 토요타 자동차의 현실인 것이다.

그림 피라미드 구조에서 수평분업으로

거대 산업에 대변혁의 물결이

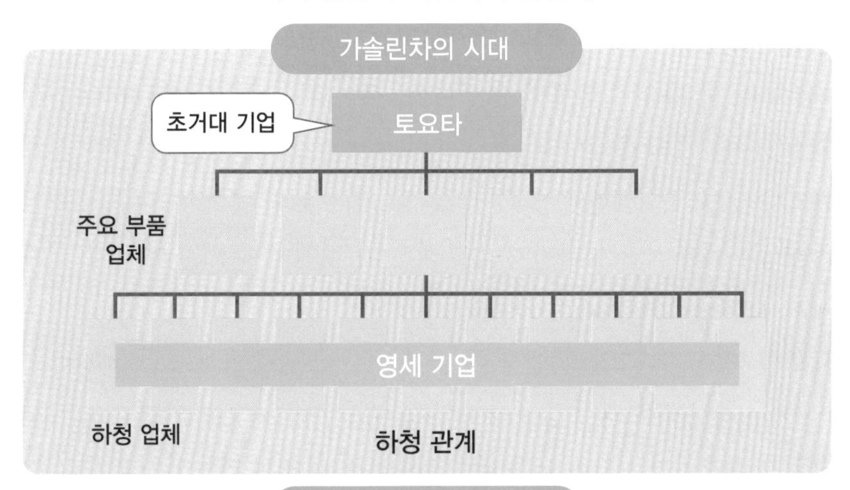

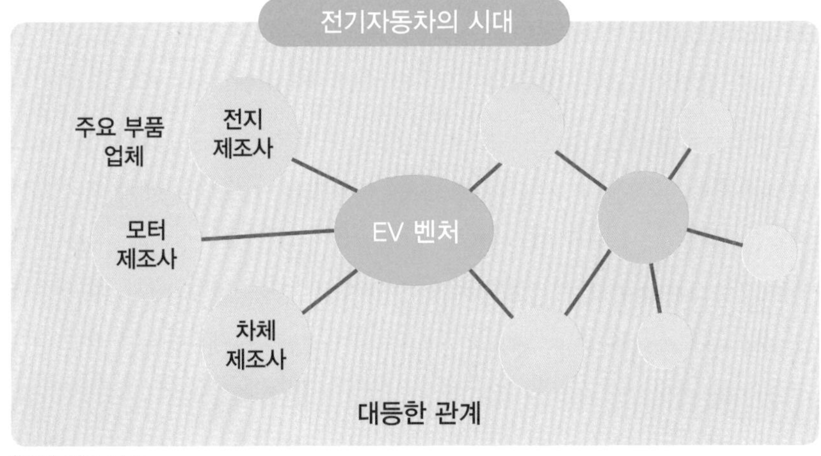

(출처) 저자 작성

연료전지차 'MIRAI(未来)에 미래는 없다!?

청정에너지라는 수소에 대한 오해

토요타 자동차가 연료전지차(FCEV)인 MIRAI를 내놓았을 때 테슬라의 일론 머스크 CEO(최고 경영자)는 Fuel셀(연료전지)은 Fool셀(바보전지)이라고 비하한 적이 있다.

확실히 수소는 지구상에서 풍부하기는 하지만(제일 많지는 않음), 그 대부분이 물 등의 화합물의 형태이며, 에너지원으로서 사용할 수 있는 수소(H_2)는 거의 존재하지 않는다. 따라서 수소는 물(H_2O)을 전기분해하거나 천연가스(메탄가스=CH_4)를 개질함으로써 얻어야 하며, 그러기 위해서는 추가적인 에너지가 필요해진다. 따라서 수소는 에너지 그 자체라기보다는 에너지 운송을 위한 매개체에 지나지 않는다.

또한 '청정'하다고도 확언할 수 없다. 수소를 사용할 때 CO_2 배출은 0이지만, 천연가스 개질 등으로 수소를 생산한다면 그로 인해 CO_2가 배출되기 때문이다. 또한, FCEV의 연료공급 면에서 편의성을 위한 수소충전소 확충 속도는 매우 더딘 상태이다. FCEV를 지지하는 일본 정부는 '2015년 말까지 100군데'라고 말해 왔지만, 정작 2016년 9월 단계에서는 92군데밖에 없는 실정이다. 반면 현재 미국의 수소충전소는 겨우 20군데에 지나지 않는다. 토요타 관계자는 '광활한 미국에서는 주행거리가 짧은 EV만으로는 대처할 수 없다'고 했지만 실제로는 미국과 같은 넓은 나라 구석구석에까지 수소충전소를 설치하기는 더더욱 어렵다. FCEV가 '궁극의 에코카'라고 하는 생각은 하지 않는 것이 현명할 것이다.

토요타 연료전지차(FCEV) 'MIRAI'

수소는 사용하기 어려운 에너지 매체

지구에는 에너지로 사용할 수 있는 분자 상태의 수소(H_2)는 거의 존재하지 않는다.

수소의 생산이 어렵다.

- 화석연료(천연가스 등)의 개질: CO_2 발생
- 물(H_2O)의 전기분해: 비효율성

수송 · 저장 · 탑재가 어렵다.

- FCEV의 수소 탱크는 700기압(대기압의 약 700배)
- 수소 저장소 건설에 수십억 원

09 토요타가 EV로의 본격적인 진출을 표명

EV에서도 세계 제일을 표방

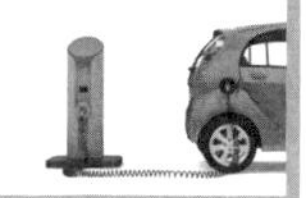

토요타 자동차가 EV로의 본격적인 참여를 밝힌 것은 2017년 10월에 개막한 도쿄 모터쇼에서 AI(인공지능)를 탑재한 EV '토요타 콘셉트 아이i(TOYOTA CONCEPT-愛i)'를 발표하고 나서이다. 2020년대 초반에는 주행거리가 크게 늘어날 고체 전지의 실용화 계획 또한 내놓았다. EV 시대에서도 세계의 선두자리를 계속 유지할 의욕을 분명히 나타낸 것이다.

2016년 11월에 토요타 아키오 사장이 직접 EV 개발에 착수하여 진두지휘할 방침을 분명히 하였고, 사장 직속의 'EV 사업 기획실' 출범을 발표하였다. 이후, 'EV사업 기획실'은 '선진기술 개발 컴퍼니 선행 개발 추진부'에 편입되어 사업부 내의 조직으로 개편되었다. 그렇다고 그동안 토요타가 결코 EV 개발에 소홀했다는 것은 아니다.

토요타 자동차는 2010년 5월에 테슬라와 업무 제휴를 통해 테슬라에 5000만 달러를 출자하기도 하였다. 2년 후인 2012년에는 양 회사가 공동 개발한 SUV 'RAV4 EV'(제2세대)를 미국에서 판매하기도 하였다. 그러나 매출이 크게 늘지 않자 생산을 중단하였다. 결국 토요타는 2016년 말까지 테슬라 보유 주식을 모두 매각해 제휴관계를 청산하였다.

토요타는 2017년 9월에 마쯔다, 덴소 3사와 EV 개발을 위한 회사를 설립한다고 발표하였으며, 이미 토요타와 마쯔다는 8월에 자본제휴를 통해 EV 공동 개발에 합의하였다. 다른 업체도 가세할 예정이다. '세계의 토요타'에서 이제는 EV에서도 세계 제일이 될 수 있을지 지켜볼 일이다. 또한 이제 세계에 자랑할 만한 HEV, FCEV를 능가할 용기를 낼 수 있을지가 관건이다. '궁극의 에코카'를 목표로 하는 토요타는 '궁극의 딜레마'에 동시에 직면해 있다.

그림 토요타, 마쯔다, 덴소가 공동 기술 개발

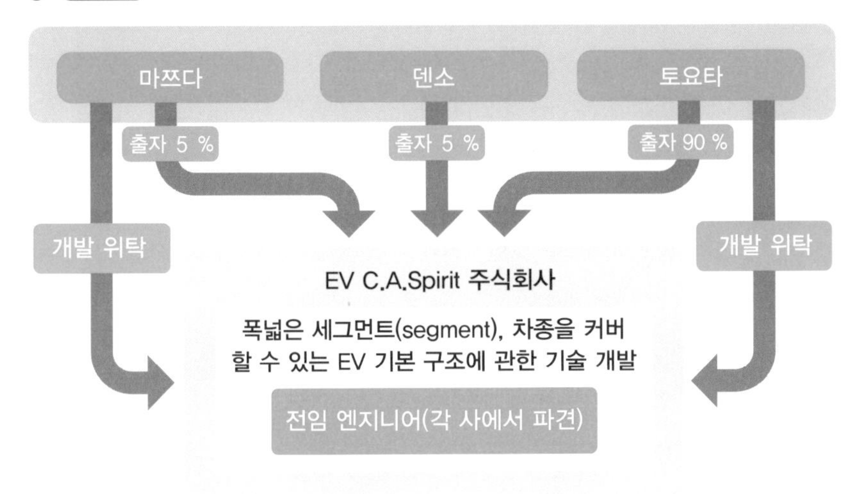

(출처) 토요타 자동차 홈페이지

토요타 CONCEPT-愛i

COLUMN

토요타는 두 번 EV에 도전하고 있다

토요타 자동차는 최근의 EV화에 다소 뒤처진다는 평가를 받고 있지만, 실은 GM과 마찬가지로 1997년에 최초의 EV를 도입한 경험이 있다. 그것이 바로 'RAV4 EV' 1세대로 GM의 'EV1'과 같은 길을 밟았다.

이 차량 역시 'EV1'과 같이 캘리포니아주의 ZEV 규제에 대응하기 위해서 도입되었으나 안타깝게도 생산이 중지되었다. 차량 리스 기간은 1997~2003년으로, 일부는 생산 종료 후에도 희망하는 소비자에게 판매하기도 하였다. 리스 및 판매한 대수는 'EV1'을 웃도는 1484대에 이르렀다.

테슬라와 공동 개발한 2세대 'RAV4 EV'가 세상에 나온 것은 1세대를 생산 종료한 지 9년 후인 2012년의 일이었다. 2010년 5월, 토요타와 테슬라는 EV 개발 · 생산에 관한 업무 제휴에 합의해, 2010년 11월 로스앤젤레스 오토쇼에 이 차량을 출시하였다.

2012년 5월, 토요타는 로스앤젤레스에서 개최한 제26회 국제 전기자동차 심포지엄(EVS 26)에서 2세대 'RAV4 EV'를 발표했는데, 흥미롭게도 그 시점에 이미 약 500대의 1세대 'RAV4 EV'가 캘리포니아주에서 돌아다니고 있었다고 한다.

'RAV4 EV'는 크로스 오버 SUV(스포츠 다목적차)인 'RAV4'의 차체에 테슬라의 EV 시스템을 탑재하여 실주행거리가 160 km에 달했다고 한다. 가격은 4만 9800달러로, 2012년 여름부터 캘리포니아주에서 판매를 시작했다. 목표는 다소 보수적으로 잡아 3년간 약 2600대를 판매할 계획이었다.

2세대 'RAV4 EV'도 1세대와 마찬가지로 오래가지는 못해 2014년 9월에 생산을 종료하였다. 2015년 4월까지 모두 2489대가 캘리포니아주에서 판매되었다. 토요타는 처음부터 이 차에 전력투구하지 않았던 것으로 여겨진다. 2012년 1월에 '프리우스 PHEV'를, 2014년 12월에는 FCEV 'MIRAI'를 판매하고 있었으므로 에코카로 FCEV와 HEV 및 PHEV로 대응할 방침이었기 때문일 것이다.

제2장

가솔린에서 벗어나려는 자동차 산업

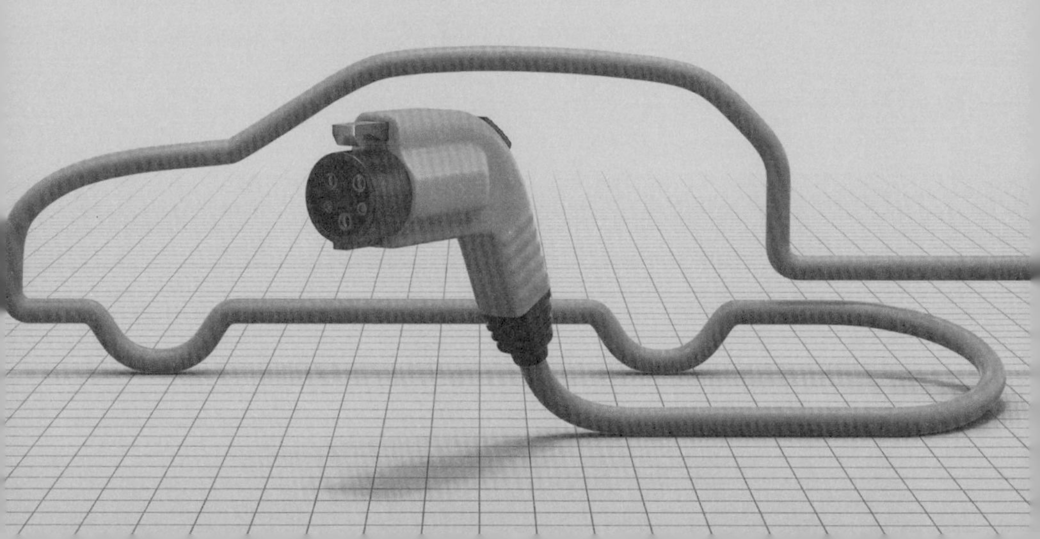

10

100년만의 대전환

자동차의 역사

세계 최초로 만들어진 자동차에 대해서 여러 가지 설이 있지만, 1801년에 영국에서 만들어진 것이 최초라고 알려져있다. 원동기는 증기기관이었고 연료는 석탄이었다. 다음에 등장한 것은 가솔린차가 아닌 EV였다. 1830년대 말부터 여러 종류가 간단한 형태로 만들어졌는데, 1873년에 영국의 로버트 다비드슨이 실용적인 전기차를 제조했다고 알려져 있다. 가솔린차는 1885년 독일 고트리프 다임러와 칼 벤츠에 의해 발명되었으나 수제작에 고가여서 많이 보급되지는 못했다.

1899년에는 프랑스에서 만들어진 EV 라 자메 콩탕트(La Jamais contente)가 시속 100 km를 넘기면서 가솔린 차량보다 우위의 성능을 달성하기도 했다. 하지만 헨리 포드가 컨베이어 시스템을 이용한 포드 생산 방식을 1900년대 초에 개발하면서 자동차의 주역은 가솔린 자동차로 바뀌게 되었다. 1908년에 '모델 T'를 1927년까지 1500만 대 대량 생산해 사상 초유의 모터리제이션(자동차의 대중화)을 이끌었다. 같은 1908년에 라이벌 회사인 GM(제너럴 모터스)이 탄생했다.

일본의 상황은 어떠했는가? 1933년에 토요타자동직기제작소(현재의 토요타자동직기) 안에 자동차부가 설치되었으며, 1937년에는 토요타 자동차 주식회사가 설립되었다. 이때부터 가솔린 전성시대가 시작되었으며, EV는 20세기 말에 들어와서야 부활하게 되었다. 우선 1996년에 GM이 캘리포니아주의 ZEV 규제에 대응하기 위해서 'EV1'을 판매하였고, 21세기에 들어와 EV 혁명에 불을 지른 것은 미국의 벤처회사 테슬라였다. 2003년에 설립되어 5년 후인 2008년에 테슬라 '로드스터', 2012년에는 '모델S', 2017년에는 '모델3'을 판매하였다. 일본에서도 2009년에 미쓰비시의 'i-MiEV', 2010년에 닛산의 '리프'를 판매하기 시작했다.

그림 자동차의 역사

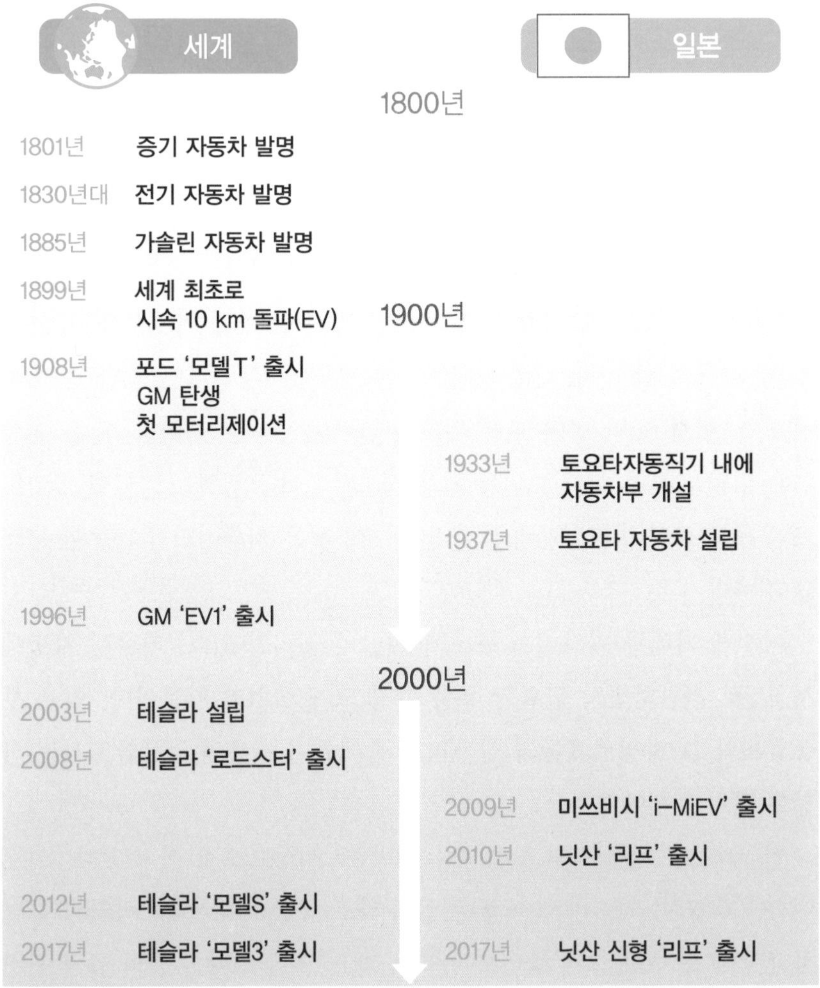

세계		연대	일본	
		1800년		
1801년	증기 자동차 발명			
1830년대	전기 자동차 발명			
1885년	가솔린 자동차 발명			
1899년	세계 최초로 시속 10 km 돌파(EV)	1900년		
1908년	포드 '모델T' 출시 GM 탄생 첫 모터리제이션			
			1933년	토요타자동직기 내에 자동차부 개설
			1937년	토요타 자동차 설립
1996년	GM 'EV1' 출시			
		2000년		
2003년	테슬라 설립			
2008년	테슬라 '로드스터' 출시			
			2009년	미쓰비시 'i-MiEV' 출시
			2010년	닛산 '리프' 출시
2012년	테슬라 '모델S' 출시			
2017년	테슬라 '모델3' 출시		2017년	닛산 신형 '리프' 출시

(출처) 저자 작성

11 EV로 자동차 부품 수 30 % 감소

일본 전체 취업자 중 9 %가 자동차 관련

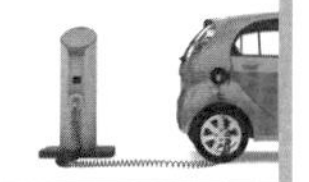

자동차는 항상 '초'라는 접두어가 붙는 대규모산업이다. 토요타의 2016년도 매출은 280조 원으로 3위인 일본 우체국의 2배 규모이다. 2위는 혼다로 146조 원이다. 이러한 규모로 자동차 관련 종사자가 많기 때문에 자동차 판매 및 수송업 등 관련 산업을 합친 취업자 수는 약 550만 명에 이른다. 이는 일본의 전체 취업자 수 약 6300만 명 중 9 %를 차지하는 비율이다.

제조업만 좁혀서 보자면 자동차 제조관련 취업자 수가 80만 명 정도로, 일본 전체 제조업 취업자 수 740만 명의 11 %를 차지한다. 중요한 것은 80만 명 중 차체 제조에 관여하는 인원은 4분의 1인 20만 명 미만이고, 나머지 60만 명이 부품 제조와 관련이 있다는 점이다. 자동차 산업은 수많은 부품 회사들 위에 차체 제조사들이 군림하는 거대한 피라미드 구조를 하고 있다. 밑 부분이 넓을수록 높은 피라미드가 가능한 구조인 것이다.

이렇게 거대한 피라미드 구조가 지금 흔들리고 있다. **가솔린 차량에서 EV로 전환하면서 필요한 부품 수가 크게 줄었기 때문이다. 많은 부품업체와 그 하청업체들의 일자리가 줄어들기 때문에 업체들로서는 사활이 걸린 문제이다.**

일반적으로 승용차의 부품 수는 3만 개 이상으로 알려져 있다. 이것이 'EV가 되면 얼마나 줄어들 것인가'라고 궁금해 하는데, 정확하게 말하자면 부품 수가 크게 줄어드는 것은 엔진, 트랜스미션 등의 동력 관련 부분들이다. 차체, 브레이크, 조향과 관련된 것들은 가솔린 차량도 EV

도 기본적으로 동일하다. 동력 관련 부품 수도 차량에 따라 차이는 있겠지만 대략 1만 개 정도 줄어들 것으로 보인다. 즉 EV화에 의해 총 부품 수는 3분의 2 정도로 줄어든다는 것이다.

만약 부품 수의 감소량만큼 일자리도 줄어든다면 앞서 말한 부품 관련 고용인 60만 명 중 20만 명이 일자리를 잃는다는 계산이 된다. 이렇게 되지 않기 위해서는 EV로의 전환을 기회로 삼아 이에 적절한 대비가 필요해 보인다.

그림 고용 부문에서 부품 산업의 중요성(일본)

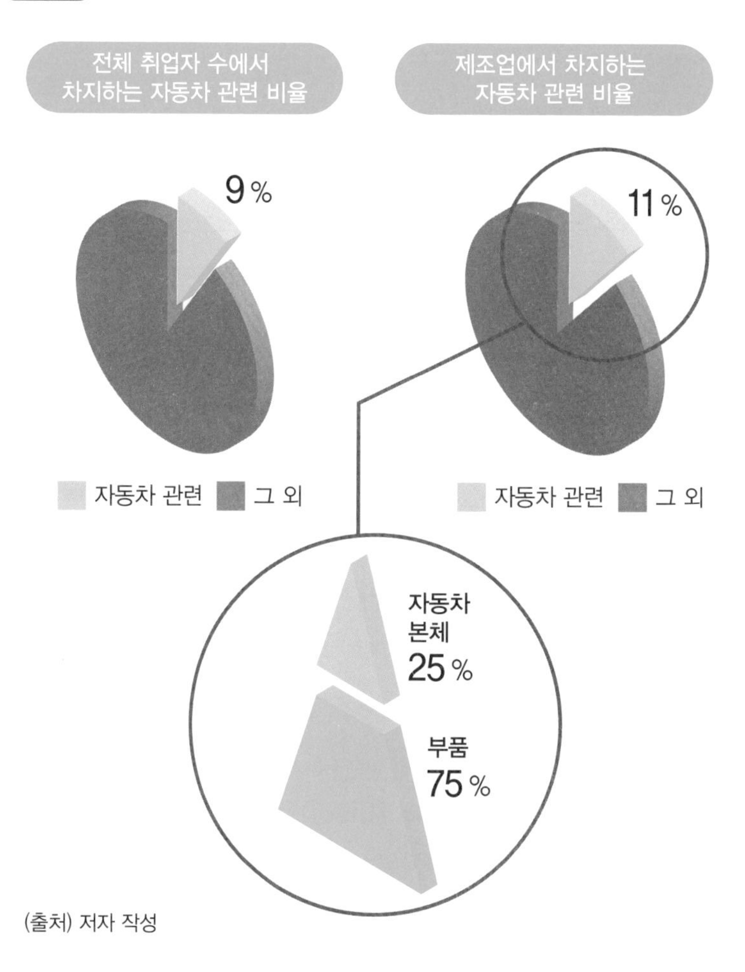

(출처) 저자 작성

12 EV로 전환하려는 프랑스, 영국, 중국

가속화하는 탈가솔린

각국 정부의 탈가솔린화가 이어지고 있다. 우선 2017년 7월, 프랑스는 2040년까지 프랑스 내에서 가솔린 및 디젤 차량의 판매를 금지한다고 발표하였다. 2015년 COP21(기후변화협정당사국총회)에 의한 파리 협정 의장국이 CO_2 감축에 앞장서고 있는 상황에서 의미 있는 결정이라고 할 수 있을 것이다.

프랑스의 움직임에 이어 영국 역시 2040년부터 석유를 연료로 하는 가솔린과 디젤차의 판매를 금지한다고 밝혔다. 양국 정부에서 이렇게 움직이고 있는 배경에는 지금까지 유럽에서 보급되어 온 디젤 차량의 에코카로서 한계에 도달했다는 인식 때문일 것이다. 2015년 9월에 터진 폭스바겐(VW)의 디젤게이트(부정문제) 사건이 계기가 되었으며, 이러한 디젤 차량의 CO_2 배출량이 비록 가솔린차보다 우수하다고 한들 친환경차라고 말할 수는 없는 것이다.

중국은 2017년 9월, 자동차 회사들에게 생산 차량의 일정 비율을 신에너지 자동차로 의무 생산하도록 하는 새로운 환경규제를 도입하기 시작했다. 즉 가솔린 차량의 생산 판매를 줄여나가도록 검토하기 시작한 것이다. 그 배경에는 중국 내 심각한 대기오염이 기인하고 있다. 세계 최대의 자동차 시장인 중국이 탈가솔린화에 적극적인 것은 각국 자동차 회사의 전략에도 큰 영향을 미치고 있다.

2019년에 도입될 규제안(국6; EuR06)은 각 자동차 업체의 생산, 판매 규모에 따라서 일정 비율의 차를 신에너지차량으로 생산을 의무화하는 방식으로, 캘리포니아주의 ZEV 규제와 유사하다.

업체의 움직임도 활발해져 스웨덴의 볼보는 2017년 7월, 2019년 이후에 판매하는 전 차종을 EV화할 것을 표명하였고, 독일의 BMW 역시 모든 차종에 EV화를 마련하겠다고 밝혔다.

그림 탈가솔린화의 가속

13 2025년까지 EV 전환, 앞서 나가는 노르웨이

EV가 일반화된 나라

프랑스, 영국, 중국을 앞서가는 것이 북유럽의 노르웨이다. 노르웨이 정부는 이산화탄소(CO_2)를 배출하는 자동차의 신규 등록을 2025년부터 금지한다는 방침을 세웠다. 엔진을 탑재하는 PHEV(플러그인 하이브리드)조차 금지하는 급진적인 정책이다.

노르웨이 내에서 2017년 1월에 판매된 승용차 중, 디젤 및 가솔린 엔진 탑재 자동차의 비율은 48.6 %로, 처음으로 50 % 미만으로 낮아졌다(노르웨이의 조사업체 OFV가 발표).

이를 대신해 보급되고 있는 것이 EV로, 그중 PHEV는 20 %, 순수 EV는 17.5 %로 합하면 37.5 %에 이르렀으며, EV 대수도 꾸준히 증가하고 있다. 2016년 12월 13일, 노르웨이 전기자동차 소비자 협회(Norsk elbilforening)에 의하면, EV 차량 수가 10만 대를 넘었으며 다음 목표는 2020년까지 40만 대라고 발표하였다.

차종도 다양해서 닛산 '리프', 테슬라 '모델S', BMV 'i3', VW 'e-골프' 등이 보급되고 있다. 이와 같이 EV의 보급이 가속된 데에는 EV 소유자에 대한 혜택이 크기 때문으로, 자동차 구입 시에 내는 세금과 25 %의 부가가치세가 면제되는 등 같은 차종이라면 EV를 더 저렴하게 구입할 수 있는 혜택을 제공한다. 또한 버스 전용차로의 주행을 허용해주고 도로도 무료화해 주는 특전도 있다.

충전 인프라도 지속적으로 늘려가고 있으며, 수도 오슬로에서는 아파트와 같은 단지에서 설치비용을 보조해 줄 뿐 아니라 민간 기업과 공동으로 상업 시설이나 오피스 빌딩의 주차장에도 충전 설비의 도입을 적극

도와주고 있다.

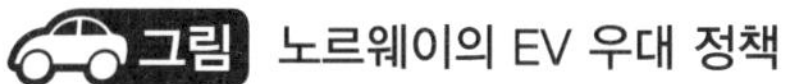

그림 노르웨이의 EV 우대 정책

1990년
자동차 취득세/수입세 면제

1996년
매년 도로 세금 경감

1996년
시립 주차장의 무료화

1997년 2009년
유료 도로와 페리 무료화

2001년
25 %의 부가세 면제

2000년
회사 보유차의 세금 50 % 면제

2005년
버스 전용차로 이용 허가

2015년
25 %의 리스 부가세 면제

14 세계적으로 진행 중인 HEV 탈출

프리우스에 드리워진 먹구름

‘세계 최초의 양산 하이브리드 차’로서 토요타 ‘프리우스’가 1997년 12월에 탄생했다. 현재는 4세대까지 나와 있으며, 2011년 9월까지 ‘프리우스’의 일본 내 누계 판매 대수가 100만 대를 돌파하였다. 전 세계 누계 판매 대수로는 2016년 4월 말까지 약 437만 대에 이르고 있다.

그러나 미국의 캘리포니아주에서는 각 업체에서 생산하는 차량의 일정 비율 이상을 배출가스 제로 자동차(ZEV)로 팔아야 한다는 ZEV 규제가 있다. 이로 인해 2018년 이후 모델(2017년 가을 이후 판매)부터 HEV는 ZEV로 인정을 받지 못하게 된다.

중국에서도 정부의 적극적인 보조금 정책으로 전기차(EV와 PHEV)의 보급을 추진해 왔지만, 향후 HEV는 대상 외로 지정되었다. 프랑스나 영국에서도 HEV는 ‘가솔린차의 일종’으로 간주되고 있어 토요타의 입장에서는 발등에 불이 떨어진 셈이다. HEV는 엔진과 모터 모두 장착하고 있지만 모터는 어디까지나 보조적인 동력으로 ‘궁극적으로는 가솔린차’라고 할 수 있다. 아무리 성능이 좋다고 하더라도 CO_2 배출은 제로가 될 수 없는 것이다.

지금까지 토요타 자동차는 에코카라는 입지 하에 ‘전방위 전략’으로 대응을 표명하면서 HEV를 중심으로 장래에 ‘궁극적 에코카’라고 칭하는 FCEV(연료전지차)로 이행하는 전략을 세웠다. EV는 고가의 전지와 제한적인 주행거리를 이유로 소극적이었다.

그러나 테슬라가 2016년 8월에 출시한 모델S는 주행거리가 약 600 km에 달하며, 2017년 7월 대중화를 목표로 판매를 시작한 ‘모델3’도 주행거리가 약 350 km에 달한다. 이로써 궁극적인 친환경차 경쟁은 정리가 되는 듯한 상황이다. 모터만 탑재된 프리우스 EV가 세상에 나옴으로써 EV화의 흐름이 다시 시작될 수 있을 것이다.

그림 '프리우스'가 친환경 자동차가 아니어진다.

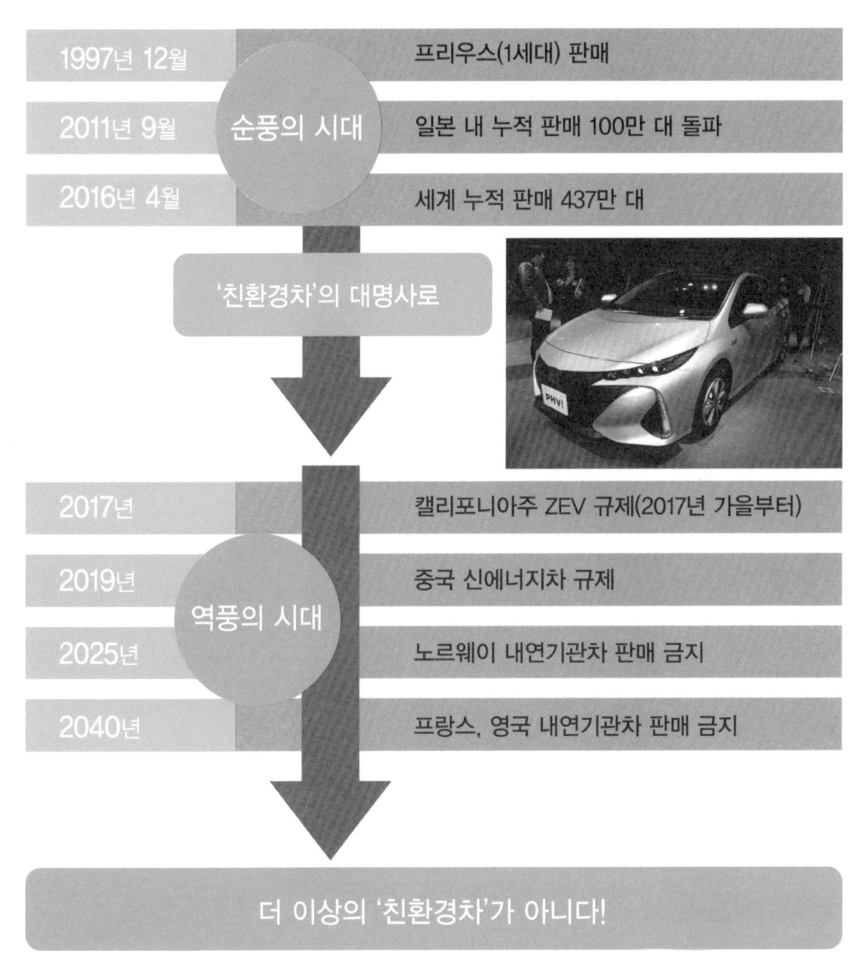

(출처) 저자 작성

15 국가정책 '수소사회'에 미래란 없다

세계에서 고립되고 있다

토요타 자동차가 일반인을 대상으로 FCEV 'MIRAI(미라이)'의 판매를 개시한 것은 2014년 12월의 일이다. 그러나 기대와는 다르게 3년간 일본에서 팔린 FCEV는 2000대 미만에 불과하다. 수소충전소의 설치도 지지부진하다.

이러한 상황을 해결하기 위해 2017년 5월, 토요타 자동차와 닛산 자동차, 혼다 등 자동차 업체와 에너지관련 기업, 금융기관 등 11사가 수소충전소의 본격적인 건설과 정비를 위한 새로운 협업을 검토하기 시작하였다. 일본 정부도 이를 적극적으로 뒷받침하고 있다.

우선 2014년에 '수소 · 연료전지 전략 로드맵'을 경제산업성이 발표하고 도쿄 올림픽이 열리는 2020년까지 수소충전소 160곳을 정비해 FCEV를 4만 대까지 보급하겠다는 목표를 세웠다.

또한, 경제산업성은 FCEV에 관한 규제 재검토를 2017년 8월에 개최하였다. 수소충전소와 관련된 규제를 완화하여 설치 및 정비를 가속화함으로써 FCEV의 보급을 촉진시키고자 하는 것이 목적이다.

그러나 수소는 취급이 상당히 어렵고 FCEV의 본격적인 보급은 기대하기 어렵다고 본다. 무리한 정책과 전략 때문에 일본이 세계에서 고립되고 있는 것도 문제이다. 해외 미디어의 논조는 지극히 냉랭하여 '타국에 팔리지도 않는 기술을 개발해도 일본 시장이 갈라파고스화(고립화)할 뿐'이라는 지적도 있다.

그림 국가정책 수소사회에 미래란 없다.

정부 지원: 2020년도까지

- 수소충전소 160곳
- FCEV 4만 대 보급

수소충전소

- 목표: 2015년까지 100곳
- 실제: 2017년 현재 92곳
- 미국의 수소충전소 20여 곳

일본 시장은 중국의 1/5 이하, 미국의 1/3 이하

갈라파고스화!? 세계 시장으로부터의 고립

16

EV 시장의 진입장벽 붕괴

가격, 거리, 충전

EV 보급에는 소위 '3가지의 장벽'(가격, 주행거리, 충전 시간)이 있다고 전해진다. 첫 번째가 가격이다. 2009년에 일본에서 최초의 양산형 EV로 판매된 미쓰비시 'i-MiEV'는 경차의 크기에도 불구하고, 4600만원에 정부 보조금 1300만원을 지원받아도 3210만원에 구입이 가능하였다. 그러나 2017년 10월에 판매된 닛산의 신형 '리프'는 일반차로 3150만 원에 보조금 400만 원을 지원받으면 2750만 원까지 저렴해진다. 토요타 '프리우스'의 2430만원과 비교하면 아직 다소 비싸긴 하지만, 상당히 근접해졌다고 할 수 있다.

EV가 비싼 주원인은 배터리로, 배터리의 가격만 저렴해진다면 가솔린차보다 저렴해질 수 있다. 블룸버그, 뉴에너지, 파이낸스(BNEF) 등의 조사에 의하면, 2025년 즈음에는 EV가 가솔린차보다 저렴해질 것으로 예상하고 있다.

다음으로 문제되는 것이 주행거리이다. 1세대 '리프'의 실주행거리는 140 km밖에 안되었지만(제원상으로는 200 km), 2018년에 도입된 신형 '리프'의 상급 모델은 실주행거리가 400 km에 달하고 있어 충분히 실용적인 수준에 왔다고 할 수 있다.

남는 문제는 충전 시간으로, 이 부분만큼은 쉽지 않은 문제이다. 신속히 충전하려면 전압과 전류를 높이면 되는데, 기술과 비용적인 면에서 제약이 따른다. 여기에 충전되는 배터리 입장에서도 급속 충전을 하게 되면 수명과 성능에 문제가 생길 수 있다. 따라서 현재 30분 걸리는 급속 충전 자체를 획기적인 방법으로 신속히 충전하는 것은 어려워 보인다.

여기에서 생각과 생활 방식을 바꾸어 보는 것이 필요하다. 보통 완속 충전을 할 경우 8시간이나 걸리지만 집에서 쉬는 동안 충전한다고 하면 기분상 그리 긴 시간은 아닐 것이다. 실제로 EV의 대국 노르웨이에서는 대부분의 사용자가 이러한 방식으로 EV를 잘 활용하고 있다.

 EV 보급의 3가지의 장벽 붕괴

COLUMN

초소형 EV의 실용화

EV 시대에 보급이 기대되는 것 중 하나는 1~2인승 미니카 형태의 소형 EV이다. 일본에서 소형 EV란, 도로교통법상에서 총 배기량 50 cc 이하 또는 정격 출력 0.6 kw 이하의 원동기를 장착한 자동차를 말한다. 도로교통법과 도로운송차량법 등 2개의 법령에 의해 규제되므로 다소 까다로울 수 있다.

우선 도로교통법에 따라 미니카는 1인승으로 한정되며, 보통 자동차 이상의 운전면허가 필요하다. 이 법에서는 보통 자동차이므로 2단 좌회전(좌회전 시 좌회전 차선이 아닌 직진 차선에서 건넌 뒤 왼쪽으로 건너는, 즉 두 번에 걸쳐서 회전하는 방식)이나 헬멧 착용의 의무는 없으며 법정 속도는 60 km/h이다.

한편 도로운송차량법에 의하면, 이 차량은 원동기 부착 자전거와 동등한 취급을 받으며, 법률상으로는 '자동차'가 아니기 때문에 안전벨트의 설치, 정기검사 차고증명을 필요로 하지는 않는다. 대신 고속도로나 자동차 전용도로에서의 주행은 할 수 없다.

간편한 스쿠터에 밀폐식 캐빈을 장착한 타입이라면 비바람에도 노출되지 않는 이점이 있으므로, 쇼핑용, 혹은 배달용 등으로 활용될 수 있다. 현재 시판되고 있는 미니카 EV의 대표격은 토요타의 '콤스(COMS)'이다.

미니카로서는 편리하지만, 1인승만으로 사용하기에는 다소 불만이 있을 수 있다. 그래서 자동차 회사들과 벤처기업이 기대하는 것은 미니카의 2인승 버전이다. 2012년 5월, 일본 정부가 도로운송차량법상의 새로운 분류로서 경차와 이륜차 중간에 초소형차(초소형 모빌리티)의 추가를 검토하고 있다. 이에 따라 닛산 자동차에서는 뉴모빌리티 콘셉트, 토요타에서는 i-ROAD, 혼다는 MC-β 등을 출시하고 있다.

그러나 도로운송차량법에 초소형차가 추가됨으로써 도로교통법과의 부합성 등 남아 있는 문제점이 많아 초소형자동차의 실용화가 쉽지 않은 상황이다. 토요타에서는 1인승 '콤스'를 미니카로 판매하고 있으며 2인승 '콤스 T COM'도 개발 중에 있다.

제3장

급성장하는 중국의 EV 시장

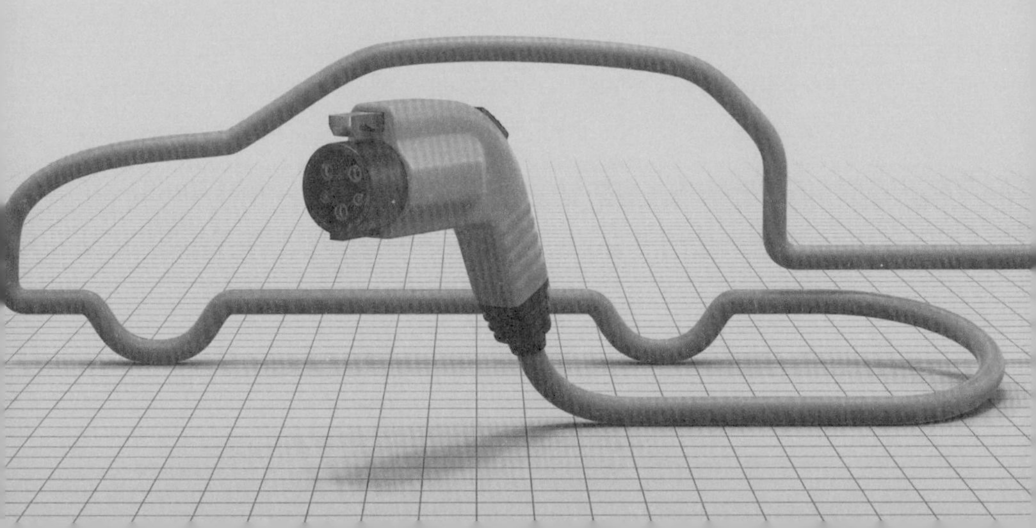

17

세계 시장을 선도하는 중국

세계 시장의 절반을 차지하는 중국

가속화되는 EV의 중심에는 언제나 중국이 있다. IEA(국제 에너지 기구)의 리포트 'Global EV Outlook 2017'에 의하면, 2016년 세계 EV 판매 대수(PHEV 포함)는 약 75만 대이다. 이 중 중국이 33만 대이며, 이는 전체의 44 %로 단연 1위를 차지하고 있다.

2위는 테슬라가 있는 미국으로, 중국의 절반인 16만 대를 차지한다. 일본은 6위로 약 3만 대를, 유럽 전체는 21.5만 대를 각각 차지했다. 중국, 미국, 일본, 캐나다, 노르웨이, 영국, 프랑스, 독일, 네덜란드, 스웨덴 10개국이 세계의 95 %를 차지한다.

신차 판매 중 EV가 차지하는 비율이 가장 높은 나라는 노르웨이로 29 %나 된다. 이어 네덜란드는 6.4 %, 스웨덴은 3.4 % 순이다. 프랑스와 영국은 1.5 % 정도이며, 중국은 총 판매 대수 2800만 대 중 33만 대이므로 약 1.2 %에 불과하다. 일본도 약 500만 대 중 3만 대로 1 %에도 미치지 않는다. 'i-MiEV'(2009년)와 '리프'(2010년)를 판매한 시점에서 일본은 세계적 선도 역할을 하였지만, 최근에는 세계의 추세에 뒤처지는 기색이 역력하다.

전기차(EV+PHEV)의 보유 대수에서는, 세계 전체로 보자면 2016년에 200만 대를 넘어섰다. 2015년에 100만 대를 돌파한지 얼마 되지 않았음에도 대단한 기세임을 알 수 있다. 여기서도 중국이 세계의 약 3분의 1인 70만 대를 차지해 1위, 미국이 2위, 일본이 3위를 하였다. 중국과 프랑스에서는 전기차 중에서도 순수 EV의 비율이 높고(약 75 %), 대조적으로 네덜란드, 스웨덴, 영국에서는 PHEV가 많다.

이처럼 세계를 압도하는 중국은 여기에 약 2억 대의 전동차와 300만~400만 대의 저속 전동차가 도로를 달리고 있어 **중국인들에게는 당연히 탈 것=전동이라는 등식이 성립하면서 앞으로 소득이 좋아지면 자연스럽게 EV 사용자가 늘어날 것이다.**

그림 세계의 전동차(EV+PHEV) 보유 대수

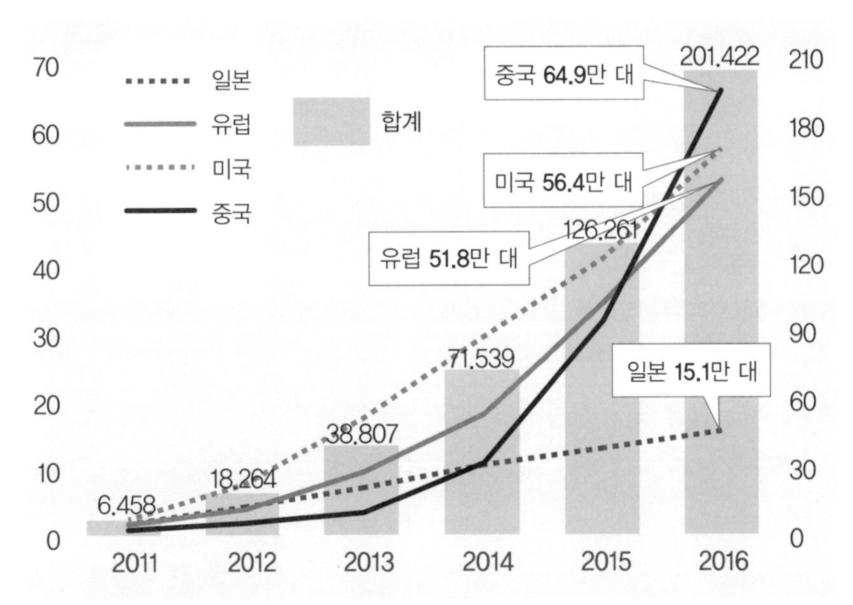

(참고) 유럽은 노르웨이, 네덜란드, 영국, 프랑스, 독일, 스웨덴의 합계이며, 세계 에너지 기관의 데이터를 기본으로 작성했다.

상하이 국제모터쇼에서 발표된 중국의 전기자동차 제조업체 NextEV의 NIO 'EP9'는 독일 뉘르부르크 링크에서 EV 세계 최고 랩 타임을 자랑한다(2017년 4월 20일, 중국 상하이 교도통신).

18

EV의 대국 중국

신흥 세력의 대두

2016년 중국의 자동차 판매 대수는 약 2800만 대로, 세계 최대의 자동차 시장이라고 할 수 있다. 그 규모는 2위인 미국(약 1800만 대)의 대략 1.5배, 일본(약 500만 대)의 5.6배이다. 2800만 대의 1 % 이상인 약 33만 대가 벌써 전동차가 되어, 몇 년 후에는 연간 판매 대수가 100 만 대에 이를 것으로 예상하고 있다.

중국이 EV 강국이라고 하는 것은 단순히 양적으로 최대이기 때문만은 아니다. 보급되는 범위에 있어서도 상당히 넓게 보급되고 있다. 중국에는 '정식적인' EV 외에 '저속 전동차'라고 하는 운송수단을 많이 볼 수 있다. 가장 많은 곳은 산둥성의 농촌이다.

그 수는 300만~400만 대로 농가의 헛간을 개조한 '자그만 공장'에서 직접 손수 제작한 차량을 타고 다닌다. 배터리는 저렴한 납산배터리를 사용하며, 저속 차량이므로 최고 속도는 평지에서 대략 40 km에 불과하다. 경사가 좀 급한 언덕이라면 멈춰버릴 수도 있다. 그러나 놀랍게도 130만 원이라고 하는 저가로 차량을 만들었다는 데 놀라지 않을 수 없다. 차체는 강화가 아닌 일반 플라스틱을 사용해 약간만 부딪혀도 부서질 수 있지만 자동차를 타 본 적이 없는 농민들에게 있어서는 참으로 귀한 운송 수단일 수밖에 없을 것이다.

내연기관 시대에는 '빅3'로 대표되는 소수의 메이저 업체들이 시장을 지배하는 구조인 반면, EV 시대에는 'small 100', 즉 소규모의 수백 개 업체가 활약하는 형태로 바뀔 수 있을 것이다. 다소 과장된 예가 될 수는 있겠지만, 농가의 헛간에서 불과 130만 원으로 만들 수 있을 정도로 간단한 것이 EV인 것이다. 필요한 부품 수가 적고 구조도 간단하기 때문에 앞으로 신흥 중소기업에서도 만들 수 있게 될 것이다.

그림 국가별 신차 등록 · 판매 대수(상위 10개국)

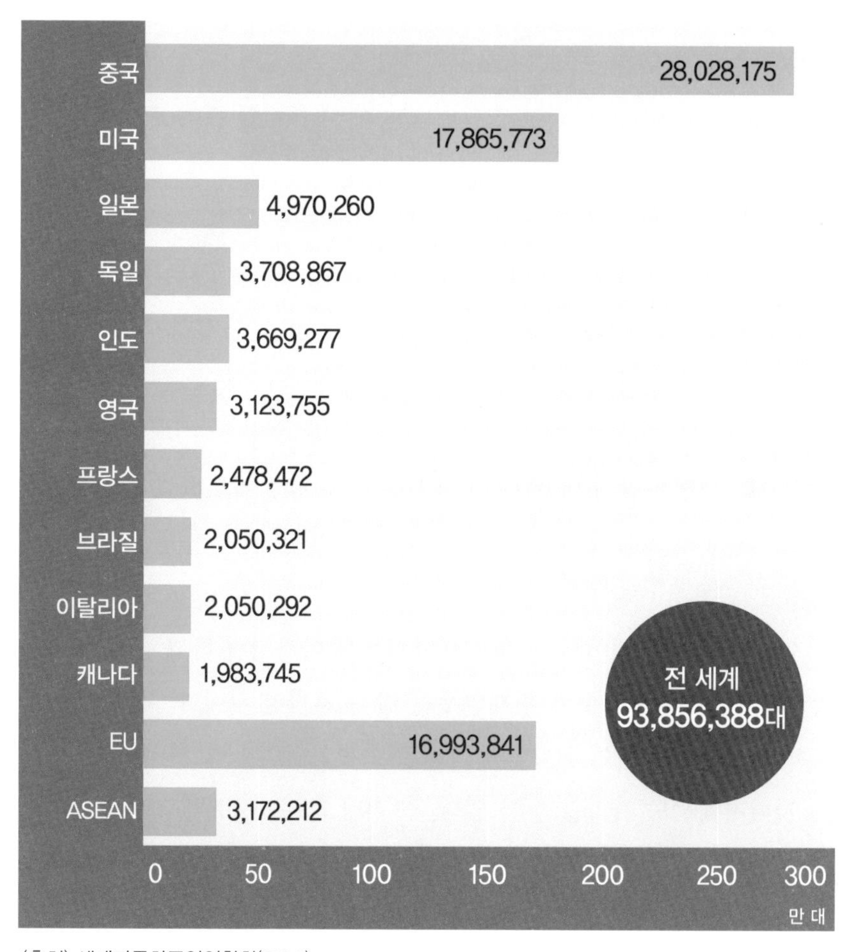

(출처) 세계자동차공업연합회(OICA)

19 중국의 국책인 EV 보급

천재일우에 모든 걸 걸다

중국에서 EV의 판매가 급속히 성장하고 있는 이유는 무엇인가? 그 배경에는 중국 정부가 국가정책으로 EV 도입을 추진하고 있기 때문이다. 즉, 다양한 혜택이 마련되어 있는데 그중에 대표적인 것이 EV 구입지원금이다.

또한 2019년부터 캘리포니아주의 ZEV 규제와 유사한 제도가 도입될 것으로 예상되며 자동차 업체에서는 일정 비율(첫 해에는 10 %) 이상의 전동 차량(EV 및 PHEV)을 판매해야만 한다. 이를 달성하지 못한 업체에게는 벌금을 부과하게 된다.

또한 중국 정부는 앞으로 프랑스, 영국, 노르웨이 등과 마찬가지로 가솔린차나 디젤차의 신차 판매를 금지하는 조치도 검토하고 있다. 이러한 국가정책의 주목적은 대기오염의 확대를 막는 것이라고는 하지만 그 외에도 몇 가지 이유가 더 있다.

자동차 산업에 있어서 선진국을 단번에 쫓아가 추월하고 싶은 중국의 입장에서는 EV의 출현이 천재일우와 같은 기회인 것이다. 내연기관 자동차에 있어서는 과거 100년간 축적된 선진기업의 기술 면에서도, 브랜드 이미지에서도 따라갈 수가 없다. 그러나 EV는 구조가 간단한데다가 경쟁할 분야가 기존의 자동차 부품이 아닌 모터, 배터리 등 비교적 새로운 기술이기 때문에 불리한 여건은 아닌 것이다. 오히려 자동차 선진국에서는 부품업체와의 관계와 갈등의 소지가 있어 EV로의 전환이 쉽지 않지만, 비교적 기술적 역사가 짧은 중국에서는 전환이 상대적으로 용이할 수 있다. 게다가 해외로부터의 원유 수입을 줄일 수 있고 전력 수

요의 일부를 신재생에너지 분야인 태양광, 풍력 등으로 대체하고자 하는 바람도 있을 것이다.

그림 EV 보급은 중국의 국가정책

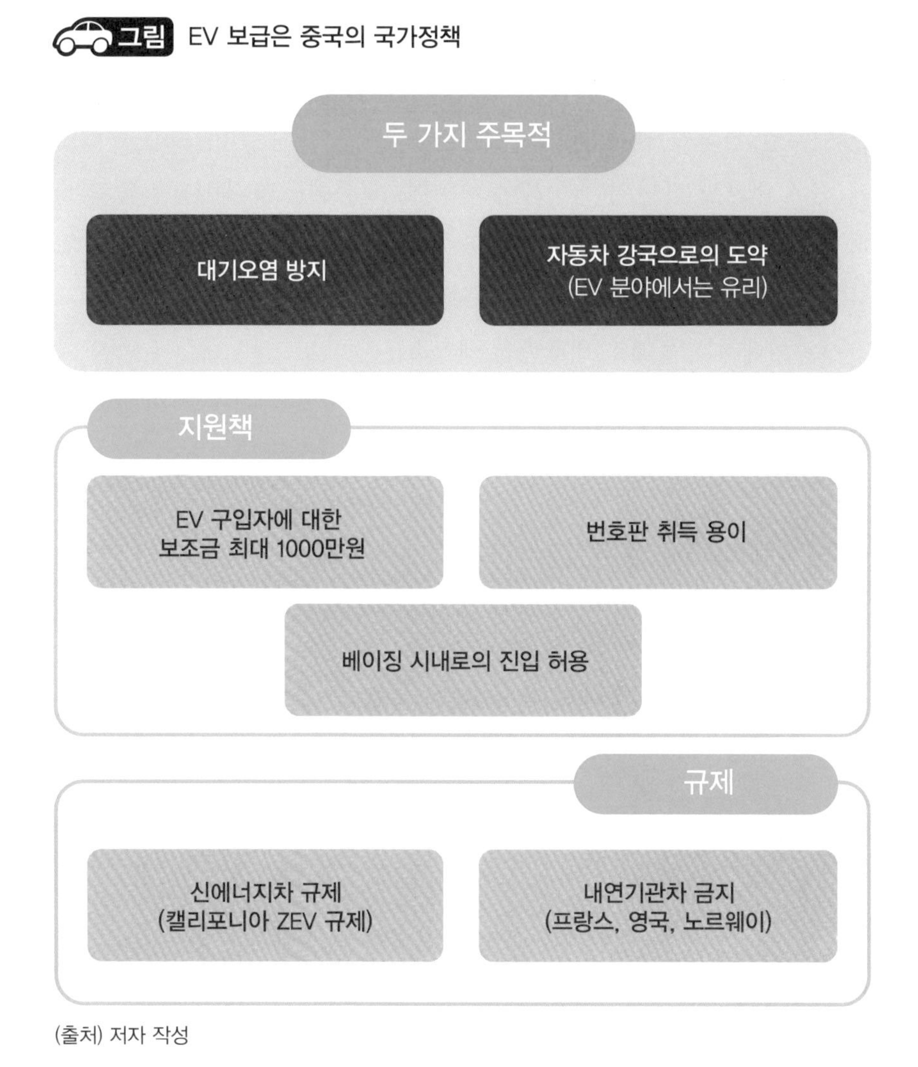

(출처) 저자 작성

20 EV 자동차 구입은 무규제

번호판의 취득이 용이

중국에서 EV를 구입할 때에는 보조금보다 더 큰 혜택이 주어진다. 그것은 번호판 취득을 쉽게 해주는 것이다. 베이징에서는 자동차를 구입하기 전에 번호판을 먼저 취득해야 하는데, 교통체증과 대기오염을 억제하기 위해 2011년 1월부터 번호판 수를 제한하는 제도를 도입하고 있다. 베이징 외에도 상하이, 광저우, 톈진 등도 같은 상황이다.

상하이에서는 경매로 번호판을 매입하는 경우도 있기 때문에 낙찰 가격이 1200만 원까지 올라 차량 가격보다 비싼 경우도 종종 발생한다. 한편 베이징에서는 번호판 취득 경쟁률이 150:1(때로는 600:1)로 추첨을 통해서 이루어진다. 추첨에 당첨되지 않으면 아무리 돈이 있어도 자동차를 구입할 수가 없다.

그러나 EV는 규제의 대상에서 제외되어 언제라도 번호판을 받을 수 있다. 실제로 가솔린차를 사려고 몇 년씩이나 대기하고 있던 사람이 EV를 구입하자 바로 번호판을 취득할 수 있었다고 한다.

구입 후에도 혜택은 다양하게 제공된다. 베이징에서는 2008년 10월부터 번호별 주행규제를 실시하고 있다. 즉, 베이징 시내의 오환로(베이징시 중심부로부터 반경 10 km 가량 이내의 지역) 안쪽으로는 평일 아침 7시부터 저녁 8시까지의 주행을 차량 번호로 제한하고 있다.

구체적으로는 다섯 자릿수의 번호 아래 한 자릿수가 요일마다 도로를 달릴 수 있는 차량과 그렇지 못한 차로 정해져 있다. 예를 들어 월요일의 경우 차량 끝 번호가 1과 6인 차, 화요일은 2와 7, 수요일은 3과 8이라는 식이다. 재밌는 것은 무슨 요일에 규제를 받느냐는 때에 따라 달라질 수 있으며, 모든 차는 1주일에 1회만 차를 이용할 수 없게 되는데, EV는 그 대상에서 제외되기 때문에 언제든 제한 없이 도로를 달릴 수 있다.

그림 중국의 EV 지원책

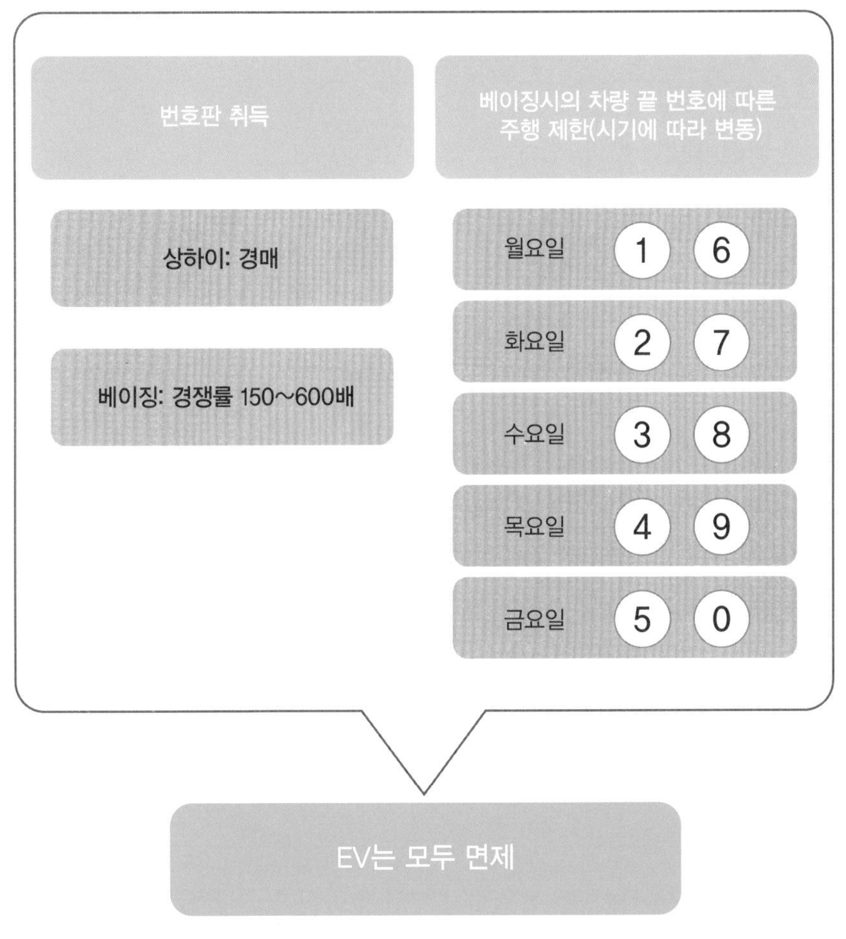

(출처) 저자 작성

21 군웅할거*(群雄割據) 시대의 EV 업체들

기회를 잡는 EV 벤처기업들

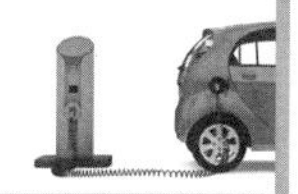

중국 자동차 회사들은 EV 보급 정책에 대해 큰 기대와 함께 기회로 여기고 있다. 그 대표격이 선전에 본거지를 두고 있는 BYD(Build Your Dreams)이다. 변화에 대응하기보다 스스로 그 변화를 만들어 온 선진적인 기업이라고 할 수 있다.

본래 1995년에 배터리 업체로 시작하였으며, 리튬 이온 배터리 제조에서 세계 3위로 급부상하였다. 그중에서도 휴대 전화용 배터리 분야에서는 단연 세계 1위의 업체이다. 이 회사는 2003년에 자회사인 BYD 오토를 설립해 EV 사업에 뛰어들었다. BYD는 워런 버핏이 출자해 화제가 되기도 했다.

설립 5년 후인 2008년 12월에 세계 최초의 양산형 PHEV 'F3DM', 2011년에는 순수 EV 'e6'를 판매하기 시작하였다. e6는 지금도 선전시 등지에서 택시로 많이 사용되고 있다.

2015년에 출시된 SUV형 PHEV Tang은 2016년에 3만 1000여 대가 판매되어 중국산 전동차의 베스트셀러가 되었다. 중국 내 2위는 BYD의 '친(Qin)', 3위도 마찬가지로 'e6'였다. 2016년 BYD 오토의 중국 내 전동차 총 판매 대수는 약 9만 6000대로 업체별로도 시장 점유율 1위를 달성하였다.

중국에서 주목해야 할 것은 BYD뿐만이 아니다. 최근 웨이라이, 리씨, 샤오펑, 치엔투 등 10개사 이상의 인터넷 관련 기업들이 EV 제조에 참가

* 여러 영웅이 각지에 자리를 잡고 세력을 과시하며 서로 다투는 상황을 의미한다.

하고 있다. 그중에서도 주목을 받고 있는 곳이 웨이라이 자동차(넥스트 EV)이다. 2017년 4월, '상하이 모터쇼 2017'에서 새로운 EV로서 SUV 'NIO ES8'을 발표하고, 바로 2018년부터 중국 내에서 판매를 개시하였다. 이 차량의 특징은 전지 교환 방식을 채용하고 있다는 것이다.

'러스왕정보기술'이라는 업체도 2016년 10월, 샌프란시스코에서 개최한 이벤트에서 EV 시작차 'LeSee'를 전시하였고, 그 외에 샤오펑, 치엔투 등도 2017년에 EV의 양산을 개시하였다.

그림 중국의 EV 벤처들

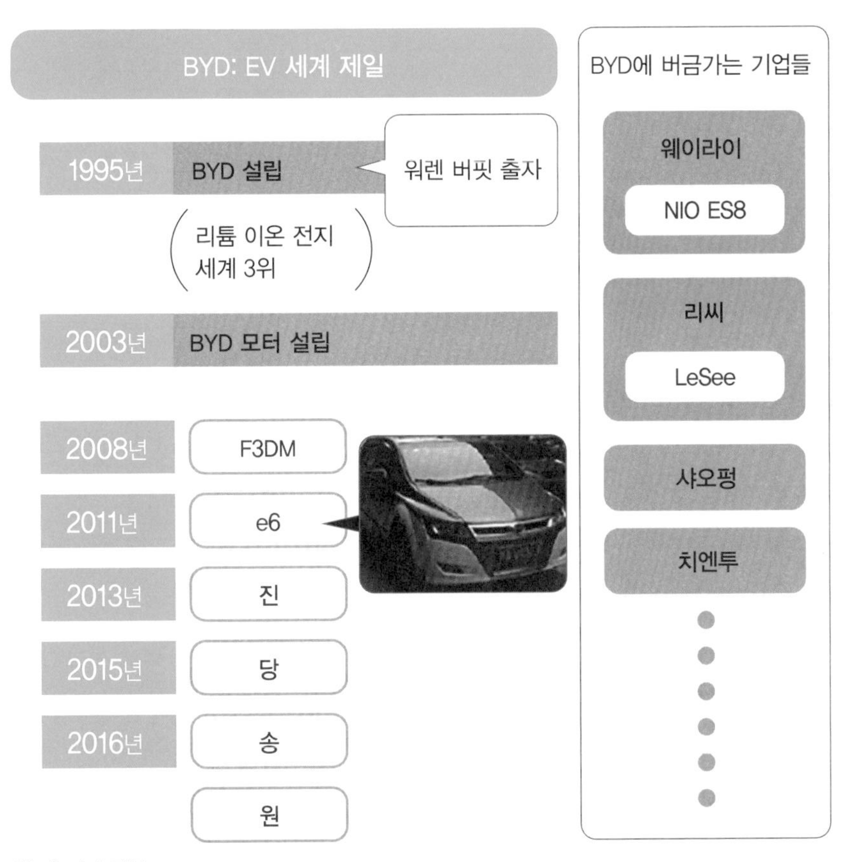

(출처) 저자 작성

22

압도적으로 유리한 중국 EV 업체들

세계 전동차 판매 40 % 이상

세계적인 EV의 격랑 속에서 패권을 둘러싸고 많은 업체들이 격렬한 경쟁을 하고 있지만, 압도적으로 유리한 고지에 있는 것은 중국 업체들이다.

EV의 경우 가솔린차에 비해 기술적 난이도가 낮고, 미국, 일본, 유럽의 업체들에 대한 장애 요소는 계속 줄어들고 있기 때문이다. 실제로 주행거리 등 성능에서 중국 업체가 이미 앞선 부분도 많이 있다. 또한 EV에서 필수적인 전기전자나 정보 통신 기술, 더 나아가 배터리 제조에 대한 중국의 존재감이 더욱 커지고 있다.

결정적으로 중국 시장은 세계 시장의 약 30 %를 차지하는 거대 시장이다. 게다가 그 비율은 EV 분야에서 한층 더 높아지고 있으며, 2016년에는 세계 전동차 판매 대수의 40 % 이상을 차지하였다. 이러한 거대 시장이 국가정책의 뒷받침으로 EV화를 가속화시키고 있는 것이다.

중국 정부는 2020년에 신에너지차(전동차)의 생산 대수를 시장 전체의 7 %에 상당하는 200만 대 이상, 2030년에는 40 %에 해당하는 1500만 대 이상으로 끌어올린다는 목표를 내걸었다. 그리고 중국에서는 BYD나 웨이라이, 리씨와 같은 신흥 기업뿐만 아니라 기존의 대기업도 EV 라인업을 강화하고 있다.

중국 업체들에게 있어서 중국 시장은 자국 시장이므로 외국계보다는 훨씬 유리한 입지라는 것은 당연하다. 외자도 투자를 늘리고 그 결과, 세계 시장이 중국을 따라가는 형태가 될 것이다. 즉, 중국 시장이 세계 표준으로 되어가는 이유인 것이다. 중국에서의 자동차 보급률이 낮은 것도 자동차 산업의 EV화에 있어서 유리한 여건이다. 10명 중에 미국은

8대, 일본은 6대 소유하고 있지만 중국은 2대에도 미치지 못한다. 즉, 지금부터 처음으로 소유할 차가 EV가 될 가능성이 높다는 것이다.

중국인들에게 있어서 가솔린차에서 EV로 전환하고자 하는 의식 개혁조차 필요 없으며 자동차=EV라는 의식으로 자리매김할 것이다.

그림 중국 업체의 유리한 점

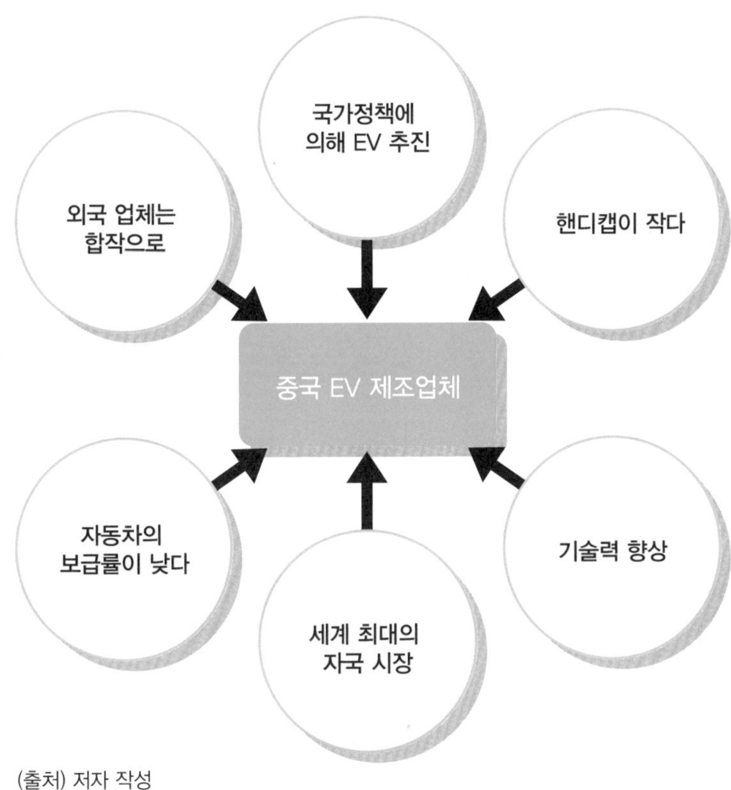

(출처) 저자 작성

23

EV 왕국으로 향하는 외국 기업

테슬라, 중국 현지생산 검토

세계 최대의 자동차 시장인 중국이 EV 국가로 천명한 것은 세계 자동차 업계에 커다란 파장을 가져왔다. 중국 정부로부터 '거대 시장에서 장사를 하고 싶다면 EV 관련 투자를 하시오'라는 통보를 받은 셈이기 때문이다. 더구나 중국 투자를 생각한다면 중국 업체와 손을 잡고 해야 하기 때문에 기술 유출도 걱정하지 않을 수 없다.

해외 자동차 업체에게는 위험한 투자가 될 수 있지만 사실상 따를 수밖에 없는 게 현실이다. 실제로도 최근 중국 시장에 EV 관련 투자를 하려는 외국 업체들이 줄을 서고 있다. 그 대표격인 독일의 폭스바겐(VW)은 2017년 5월 안후이성의 자동차 제조업체와 합작회사를 세우기로 합의했다.

테슬라도 상하이시 정부와 현지 공장건설을 위해 협의 중이라고 밝히면서 2014년에 중국 시장에 발을 들여놓았다. 2016년의 매출액은 전년대비 3배 이상으로 늘었고, 본국인 미국 다음으로 큰 시장으로 성장하여 그 중요성을 더하고 있다.

실제 테슬라는 중국에서도 인기 상승 중에 있으며, 필자도 선전에서 주행하는 '모델S'나 '모델X'의 모습을 자주 보았다. 그러나 중국으로 자동차를 수출할 때는 25 %라는 높은 관세가 붙어 외제 자동차의 가격을 끌어올리고 있다. 따라서 테슬라는 중국에서 EV를 생산하는 방식으로 관세의 영향을 배제하려고 하고 있다.

일본 업체들도 혼다가 2018년부터 중국 시장에 신형 EV를 투입하고, 닛산도 중국의 둥펑 자동차와 새로운 회사를 설립해 2019년부터 현지 생산에 나설 계획이다.

중국에 현지법인을 설립하게 되면 원칙적으로 중국 기업과 합작하는 방법밖에 없다는 것이 현실이지만 테슬라의 참여를 계기로 중국 정부가 이러한 기준을 다소 완화할 것이라는 전망도 나오고 있다.

그림 중국 참가와 합작의 제한

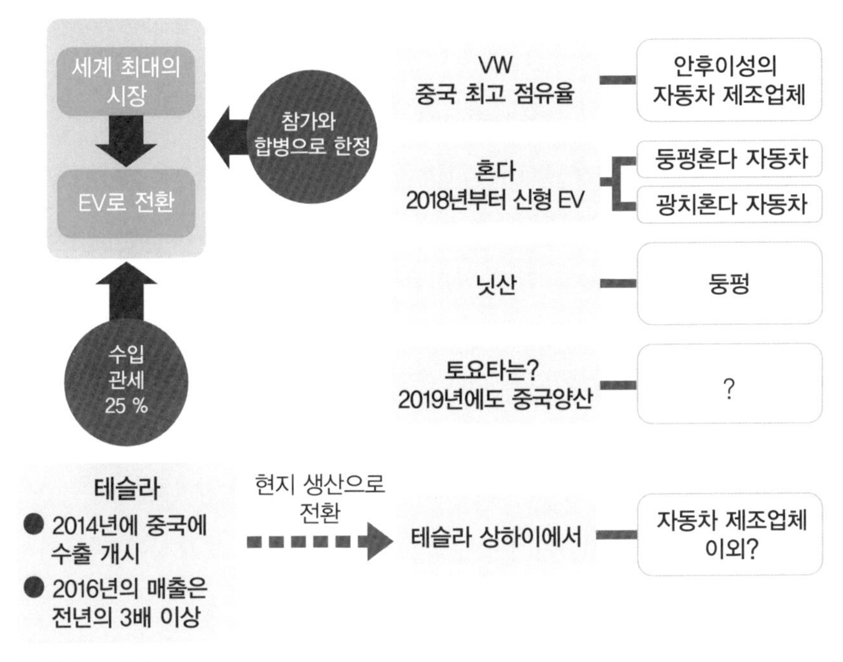

(출처) 저자 작성

24 중국에서의 EV 선점 경쟁

르노·닛산 자동차, 둥펑과 개발합병

중국의 급격한 EV 전환이 성공할지 아니면 실패할지에 따라서 세계 자동차 업계의 운명도 갈림길에 서 있다. 이 흐름을 놓치지 않고 기회로 잡을 수 있을 것인가?

2017년 8월, 르노 · 닛산 자동차는 제휴 관계에 있는 중국 · 둥펑 자동차와 EV개발을 위한 합작 회사를 후베이성에 설립한다고 발표했다. 2019년부터 둥펑 공장에서 EV차량을 생산할 계획이다. 폭스바겐(VW)이나 테슬라 역시 중국 내 EV 시장에서의 시장 쟁탈전이 격해지고 있다.

토요타 자동차도 늦은 감은 있지만 2019년에 중국에서의 EV 양산을 검토하기 시작했다. 핵심부품인 배터리의 현지 생산도 검토하고 있다. 토요타는 아직도 연료전지차(FCEV)를 에코카의 주력으로 생각하고 있지만, 수소충전소의 설치가 진행되지 않고, 일본 내에서도 보급이 지지부진한 상태에 있다. 이렇다 보니 미국이나 중국 시장에 내다팔 수 있는 상황은 더더욱 아니다. 여기에서 EV 개발을 서두를 필요성이 대두되기 시작했다.

미국 업체 중에서는 GM이 뒤처진 상황이다. GM은 중국 내에서 연간 수백만 대의 승용차를 판매하고 있지만, EV · PHEV는 전혀 팔리지 않고 있다. 정확히는 지금까지 그다지 공을 들이지 않았다고 해야 할 것이다. 이러한 GM도 중국의 움직임에 대응하지 않을 수 없게 되었는데, 최근 2020년까지 EV · PHEV 기종을 10종으로 늘려 연간 판매 대수 15만 대를 목표로 하고 있다.

이러한 외국 기업들의 노력과 의지에 부응해 중국 정부는 2018년에도 외국계 자동차 업체의 EV 참가 규제를 완화한다는 관측을 내 놓았다. 지금까지 중국에서는 외국계 자동차 업체의 출자 비율은 최대 50 % 이내로 제한하고 있었지만, 자유무역구에 한정해 전액 출자한 EV 생산 회사의 설립을 인정하는 방향으로 검토하고 있다고 한다. 테슬라가 이 규제 완화에 맞추어 중국에 생산거점 설립을 검토하고 있다.

그림 격렬해지는 중국 참가 경쟁

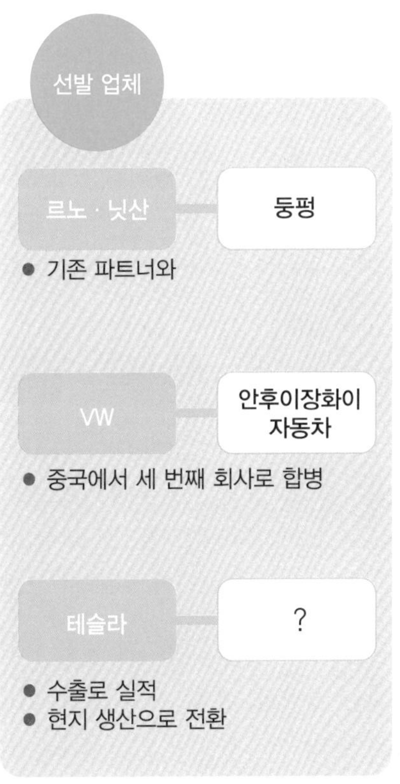

25

중국에서 일본 자동차 업계는 어떻게 경쟁하고 있나?

계속되는 EV 투입 움직임

일본 업체들은 세계 최대 EV 시장인 중국에 본격적인 투자를 하기 시작했다. 우선 닛산 자동차는 신형 리프를 2018년 이후 중국에 투입하고, 다양한 EV로 출시할 계획을 세웠다.

닛산 자동차는 르노 · 미쓰비시 자동차 3사를 연합한 형태로 EV 라인업을 강화하고 있으며, 2022년에 전 세계 연간 판매 목표 1400만 대 가운데 30 %를 점유할 계획을 세우고 있다. 이를 위해 새로운 12차종을 개발 투입한다. 또한, 연합한 3사는 EV용 차체와 부품들을 공유화하기로 하였다.

혼다는 2018년에 중국을 대상으로 한 차량을 생산할 것을 2017년 4월에 발표했고, 같은 해 9월에 구체적인 방안을 제시했다. 구체적으로 혼다는 현지 합작사인 광치혼다와 둥펑혼다 등 2개사와 공동으로 EV를 개발하여 각각의 브랜드로 판매한다는 계획이다.

토요타 자동차도 마쯔다와 공동 개발한 EV를 2019년에 중국에서 판매할 예정이라고 발표하였다. 이러한 EV 경쟁은 완성차 업계만의 이야기는 아니다. 부품 수가 적고, 기술적 장벽이 비교적 낮은 EV로 살아남기 위해서는 성능이나 승차감을 차별화한다고 될 일은 아니다. 즉 EV의 가격이 매우 중요한 요소라고 할 수 있으며, 그 중심에는 배터리가 있다. EV 업체에 있어서 어떤 배터리를 어디에서 어떻게 조달받는지는 매우 중요한 전략이다.

배터리에 있어서도 중국이 국가별 점유율의 절반 이상을 차지하고 있어, 앞으로도 완성차뿐만 아니라 배터리 시장에서도 다른 나라들을 압도할 것으로 보인다.

닛산 자동차는 리튬 이온 배터리 제조사인 NEC와 공동으로 진행해온 배터리 제조 거점을 중국 기업에 매각하기로 결정했다. 비용의 많은 부분을 차지하는 배터리 제조를 자사에서 하는 것보다는 중국에 맡기는 것이 효율적이라고 생각했기 때문이다.

그림 일본 자동차 회사의 중국 EV 전략

닛산 자동차	2018년 이후에 신형 리프를 판매
혼다	2018년에 중국 전용 신형차 출시
토요타 자동차	마쯔다와 공동 개발, 2019년에 신차 판매

(출처) 교도통신 등 각종 보도에서 저자 작성

혼다가 상하이 모터쇼(2017년 4월)에 출품한 EV 콘셉트카 'Honda NeuV(뉴비)' (교도통신)

COLUMN

압도적인 환경기술의 중국

필자는 2016년 11월에 중국의 선전과 시안, 그리고 티베트 고원을 방문한 적이 있다. 여행의 목적은 중국 통신기업인 화웨이(화위기술) 본사 방문과 거얼무에 있는 500메가와트(MW)급의 대형 태양광 발전소를 견학하기 위해서였다.

10여년 만에 방문한 선전에서는 그 발전상에 놀랐으며 이 마을에서 달리고 있는 EV에 더더욱 놀라지 않을 수 없었다. 이곳이 세계 제일의 EV 업체인 BYD의 본사가 있기 때문일 것이다.

우선 공항에서 손님을 기다리는 것은 e6 택시였다. BYD가 2011년에 판매한 순수 EV로, 초기에는 가격이 비싸다는 이유로 일반 운전자가 아닌 택시 전용으로 판매한 EV 차량이다. 1회 충전 시 주행거리가 300 km 이상이어서 택시로 사용하기에는 괜찮은 편이었다.

다음날 화웨이 본사로 가는 도중 본 것이 테슬라의 '모델X'였고, 이어서 고속도로에서는 소문난 '당'을 만났다. 2016년 중국 내에서 EV 차 매출 1위를 했던 차이다. BYD는 2014년 이래 EV 차의 이름을 기존의 알파벳과 숫자를 조합에서 중국의 왕조 이름으로 바꾸고 있다. 그 1호가 2013년 판매된 '진', 2호가 '당'이다. 이들 차량은 PHEV이지만, '진'에는 순수 EV도 있다.

중국의 EV 파워도 대단하지만, 더 인상적이었던 것이 태양광 발전이었다. 현재, 누계 도입량으로도, 연간 신규 설치 용량에서도 단연 세계 1위를 차지하고 있다. 패널, 파워 컨디셔너도 중국 업체가 세계 1위를 차지하고 있다. 파워 컨디셔너에서 2015년 이래 세계 1위에 올라 있는 것이 바로 화웨이다.

여행의 마지막은 티베트 거얼무의 초메가 태양전지였다. 이 시설은 발전용량 590 MW이지만 주변은 온통 태양광 패널로 덮여 있어 인근 시설을 합치면 무려 3 GW에 이른다. 일본에서 최대 태양광은 소프트뱅크 등이 홋카이도 토마토우시에서 운영 중인 111 MW 크기이므로, 중국과는 자릿수가 다른 규모인 셈이다.

제4장

이업종 간에 시작된 전쟁!

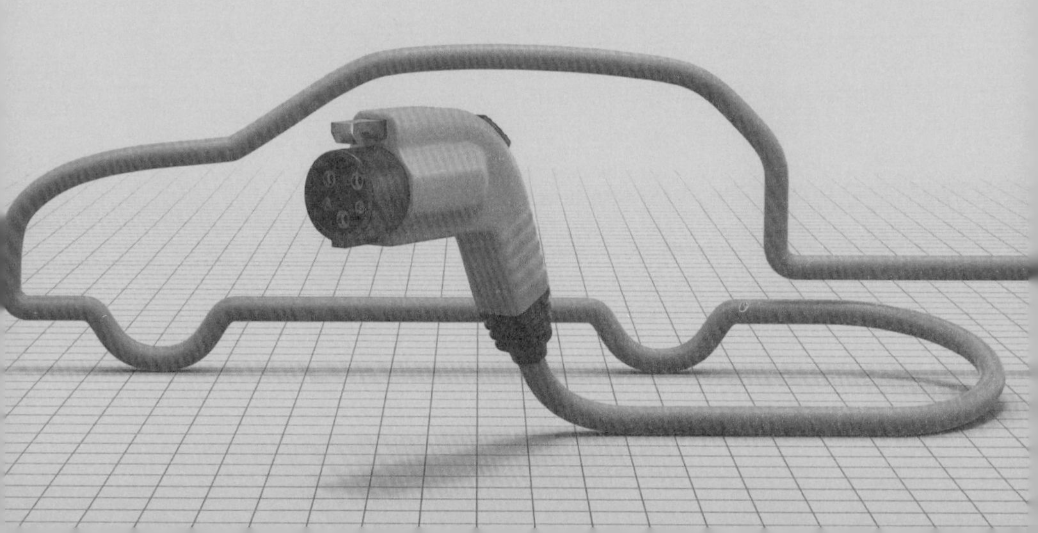

26 경계 없는 무한 경쟁 기술

군웅할거(群雄割據) 시대

전 세계의 EV 업계는 경계가 서로 다른 업종으로부터의 참여가 잇따르고 있다. 청소기나 공조 가전업체인 다이슨(영국)이 2020년까지 '기존과는 근본적으로 다른 EV'를 제조한다고 발표하였다. 구글이나 파나소닉도 자율주행이 가능한 EV를 개발하고 있다.

경계가 서로 다른 업종 간에서도 임팩트가 큰 기업이 애플이다. 정식 발표는 아니지만, EV 개발 프로젝트 'Project Titan'이 2014년에 시작된 것은 이미 알려진 사실이다. 일본에서는 소니가 2017년 10월에 독자 개발한 AI(인공지능) 대응 EV의 시작차를 발표했다.

세계적 EV 업체인 테슬라와 BYD 역시 모두 2003년에 설립한 신규 참가업체이다. 테슬라의 창업자 중 한사람인 마틴 에버하드는 전기기사였으며, 테슬라를 창업하기 전까지는 자동차와는 관련 없는 일을 하고 있었다. BYD 역시 배터리 업체였다. 이처럼 다양한 분야에서 많은 업체들이 계속 진출하고 있는 상황은 기존의 자동차 생태계와는 전혀 다르다고 할 수 있다.

현재 격동하고 있는 자동차 산업이지만 EV화가 본격적으로 시작하기 전까지는 합종연횡(상황에 따라 유리하게 연합해 적을 공격하는 외교전술 중 한 가지)은 있었지만 선수 자체는 크게 변하지 않았다.

일본에서는 차량 개조업체로 유명한 미쯔오카 자동차가 1996년 4월에 제작한 '가류'의 형식 인증을 취득했고, 일본에서 10번째 승용차 업체로 인가되어 자동차 업계에 새롭게 진입하였다.

그동안 자동차 업계에서 신규 진입이 어려웠던 이유는 산업 저변이 넓고, 거대 피라미드의 형태로 구축되었기 때문이다. 이렇던 구조가 EV의 출현으로 훨씬 간단하게 변화하고 있는 것이다.

그림 이업종 간 대전쟁

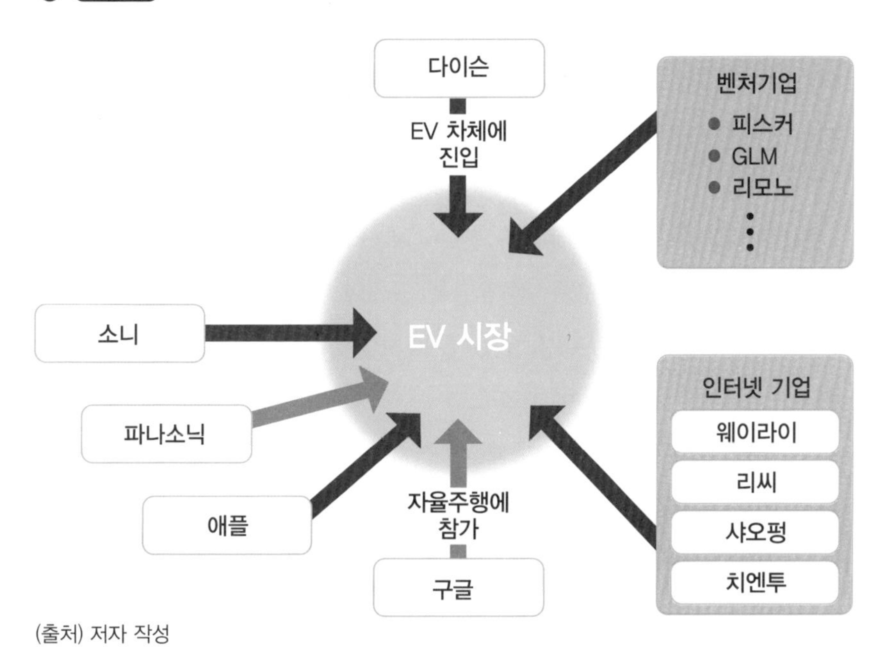

(출처) 저자 작성

소니가 발표한 EV 시험 제작차

파나소닉의 자율주행 시스템을 탑재한 시작차(2017년 10월 10일, 교도통신)

27

다이슨의 야망

토요타와 같은 고체 전지로 도전?

다이슨이 EV 시장에 참여하겠다고 밝힌 시점은 2017년 9월이지만, 그 소문은 이미 1년 전부터 들려오고 있었다. 다이슨이 기존의 자동차 업체로부터 핵심 인물들을 속속 빼내가고 있었기 때문이다.

2016년에는 애스턴마틴에서 생산 부문 디렉터였던 이언 미너스가 다이슨으로 이직하였고, 2017년에는 테슬라의 홍보섭외 담당인 리카르도 레제스 등을 영입했다. 이처럼 눈에 띄는 움직임을 보이자 소문이 퍼지기 시작했다.

일본에서는 드문 일이지만 해외에서는 기업의 인재들을 스카우트하는 경쟁은 당연한 것이다. 애플도 타사로부터의 영입을 계속하고 있어서 EV로의 참여 발표도 시간문제로 보고 있다.

다이슨은 EV 개발에 10억 파운드(약 1.5조 원), 배터리 개발에도 비슷한 금액을 투자하였다. 여기에서 주목해야 할 점은 다이슨이 개발하려는 배터리는 고체형 전지라는 점이다. 이 배터리는 구조가 단순하고 효율이 높으며, 충전이 용이하다는 장점을 갖고 있다. 토요타 자동차에서도 이러한 유형의 전지를 개발 중에 있다.

제임스 다이슨 CEO는 개발 중인 EV에 대해서 기존의 자동차 업체가 판매하고 있는 것과는 근본적으로 다르다고 설명했다. "타사와 같은 EV는 별 의미가 없다."라고 하면서 "스포츠카도 아니고, 매우 저가의 차도 아니다."라고 말하고 있다.

현재 초대 모델을 2020년까지 개발한다는 목표를 세우고 많은 노력을 하고 있다. 자동차 전문가들은 "그렇게 짧은 기간에 EV를 만들 수 있을지…"라는 의문의 목소리도 있지만 구조가 간단하고 이미 다이슨은 모터 배터리와 제어 기술을 보유하고 있으므로 충분히 가능하리라 보고 있다. 실제로 타 업종의 선발 주자인 테슬라와 BYD도 회사 설립 5년 만에 첫 EV를 내놓은 선례가 있다.

그림 다이슨의 EV 도입으로의 걸음

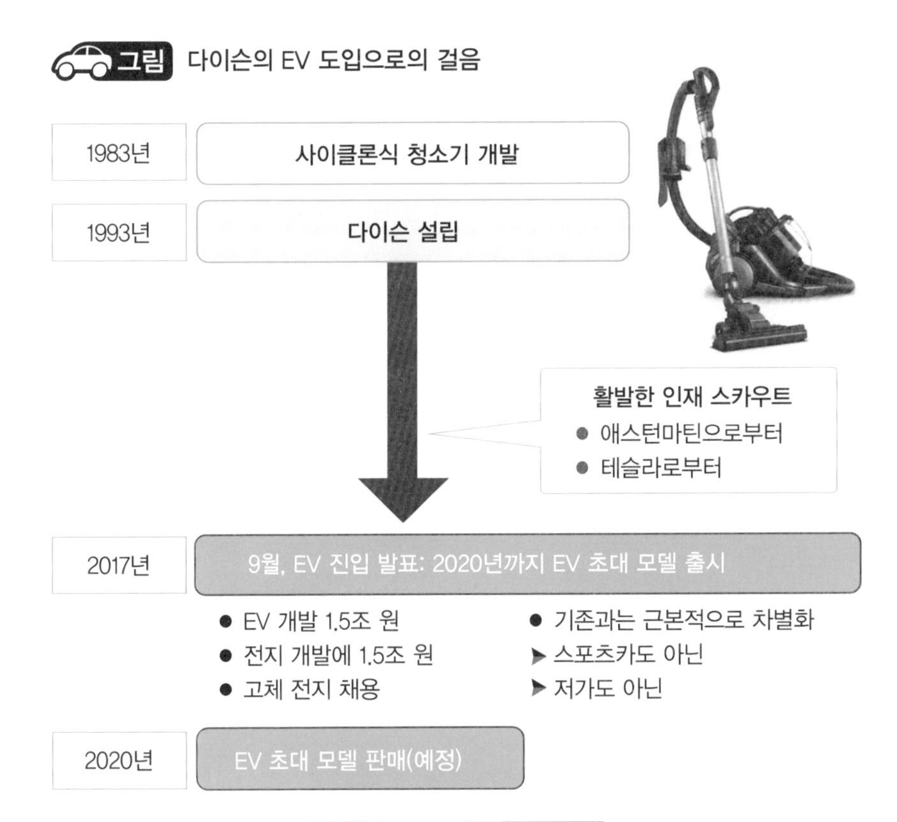

제임스 다이슨(CEO)

28 자동차에 다가서는 애플과 구글

애플, EV 진입 모색

"애플, 구글과 같은 IT 기업들도 전례 없던 새로운 경쟁을 하기 시작했다." 2017년 8월에 토요타와 마쯔다가 제휴를 발표했을 시점에 토요타의 아키오 사장이 한 말이다.

애플의 EV 개발 프로젝트 'Project Titan'이 비밀리에 시작한 것은 2014년으로, 2015년에는 자동차 업계나 테슬라로부터 인재 스카우트가 활발하게 진행되어 왔다. 이로 인해 애플이 EV에 참여한다는 의도는 명확해졌다.

2020년경에는 애플에서 만든 EV를 판매한다는 예측이 나오고 있다. 애플인 만큼 디자인 면에서도 독특한 EV가 될 것으로 기대된다. 태풍의 눈이 될 것임은 틀림없다.

반면 구글은 자율주행차 개발에 주력하고 있다. 2009년 자율주행차 개발 프로젝트를 시작으로 2014년 5월, 2인승 소형 EV 프로토 타입 '구글 X'를 처음으로 공개했다. 2016년 12월에는 이 프로젝트 부문을 구글 본사로부터 분리해, 구글 그룹의 지주회사인 Alphabet Inc. 산하의 독립 기업 웨이모(Waymo)를 설립했다.

웨이모 간부에 의하면 회사가 주력하는 것은 자율주행 기술을 개발하는 것이며, 자동차 자체를 제조하는 것은 아니라고 하였다. 이에 웨이모는 2017년 6월, 자율주행 프로토 타입 'Firefly' 개발을 마치고, 앞으로는 크라이슬러의 '퍼시피카'(HEV 미니밴)를 대상으로 자율주행차 개발을 한다고 발표하였다.

최근 애리조나주 피닉스에서 '퍼시픽'에 자율주행 기술을 적용한 온디

맨드 라이드 셰어(on-demand ride share) 서비스도 시작되었다.

그림 IT 기업과의 전례 없는 경쟁

"애플, 구글과 같은 IT 기업과의 경쟁. 지금까지 없던 경쟁이 시작되었다."
(2017년 8월, 토요다 아키오 사장)

(출처) 저자 작성

구글 자회사인 웨이모의 자율주행차
(2017년 1월, 미 중서부 디트로이트에서)

29 EV에 진출하는 파나소닉

EV로 새로운 활로를 찾는 파나소닉

파나소닉의 움직임이 분주해졌다. 파나소닉은 2017년 10월, 요코하마시에 있는 시험장에서 자체 개발한 자율주행운전 시스템이 탑재된 소형 EV를 처음으로 공개했다. '자율주행 EV커뮤터'라고 불리는 자사 개발의 실험 차는 전체 길이 2.5 m, 차량 중량 566 kg인 2인승 차량이다. 2017년에는 일반도로 주행을 목표로 하고 있다.

"드디어 파나소닉 EV가 나오는가?"라고 하는 기대의 소리도 있지만, 파나소닉에서는 차량으로 판매할 계획은 없다고 한다. 자율주행 EV커뮤터는 부품을 개발하기 위한 실험 차이며, EV 자체를 개발할 계획은 없다는 것이다.

파나소닉이 EV 관련 기술 중에 가장 힘을 쏟고 있는 분야는 배터리이다. 이미 EV 분야에서는 세계 선두 주자이며, 미국의 테슬라와 손잡고 미국 네바다주에 거대한 배터리 공장 '기가팩토리'를 설립하고 있다.

이 공장에서는 파나소닉이 테슬라의 '모델3'용 전지 셀과 고정형 축전 시스템의 전지 셀을 생산하고 있다. 테슬라는 이러한 셀을 사용해 전지 모듈을 생산한다. 기가팩토리에 투자된 금액은 공표되어 있지는 않지만, 총액은 약 5조 원에 이를 것으로 추정되며, 그중 파나소닉의 부담액은 1.5~1.6조 원 정도로 보이고 있다.

파나소닉은 과거에 디스플레이 기술에 6조 원의 거액을 투자했으나 결국 중단한 경험이 있기 때문에, 내부적으로는 테슬라에 대한 막대한 투자를 우려하는 목소리도 적지 않았다.

파나소닉과 테슬라와의 제휴기간은 상당히 오래되었다. 테슬라가 처음 내놓은 전기자동차 로드스터(2008년 출시)에 탑재된 배터리는 산요 전기가 공급하고 있었지만 산요 전기가 파나소닉에 매각되면서 테슬라와의 인연이 시작되었다.

그림 파나소닉과 테슬라

미국 네바다주에 위치한 테슬라의 EV용 전지 공장 기가팩토리(테슬라 제공)

30

태양광 발전에서 얻는 교훈

태양광 발전업체의 잇따른 참여

상이한 업종의 참여가 잇따르는 건 EV 분야만이 아니다. EV와 함께 주목하는 또 한 가지 사업인 태양광 발전도 마찬가지로 증가하고 있다. 2012년 신재생에너지를 매입하는 발전차액자원제도(FIT, Feed-in Tariff)의 도입 이래 타 업종으로부터의 참여가 증가하고 있는 것이다.

대표적인 업체가 소프트뱅크로 2011년 3월 11일에 발생한 동일본 대지진 이후 신재생에너지 분야에 주력하고 있다. 우선 자회사인 SB에너지를 2011년 10월에 설립하였고, 2012년 7월에는 FIT 도입과 동시에 제1호 '신토 솔라 파크'(군마현)와 '교토 솔라 파크'의 가동을 개시하였다.

미쓰이 물산과의 합작 사업에 의해, '소프트뱅크 아비라 솔라 파크'(홋카이도 아비라초)를 2015년 12월에 가동시켰으며, 출력은 111 MW급으로 일본 내에서는 최대 규모이다. 2017년 11월에 일본에서는 타사에서 취득한 발전소를 포함한 34기(438 MW)가 가동되고 있어 향후 몇 년 이내에 4기(108 MW)의 출력이 예정되어 있다.

소프트뱅크는 풍력 발전에도 힘을 기울이고 있다. 2017년 2월 시점에 일본 내에서 가동하고 있는 풍력 발전은 '윈드 팜 하마다'로, 발전량은 48 MW 정도이다. 해외에서는 현지 기업과의 합작회사를 통해서, 몽골의 고비 사막에 50 MW의 풍력 발전소를 건설하여 2017년 10월 6일에 운전을 개시했다.

태양광 발전 사업에는 소프트뱅크 외에도 국제 항업, NTT 퍼실리티즈, 일본 모직, 오릭스, JR큐슈 등 많은 기업이 참여하고 있다. 타 업종의 참여는 대기업 이외에 간판업체, 빌딩 관리 회사 등 중소기업이 태양광 발전 사업자나 EPC(설계 · 조달 · 시공 회사)로 참여하면서 급성장하고 있다.

태양광 발전과 EV의 공통점은 ① 기계와 설비의 구조가 간단하고 ② 새로운 산업으로 기득권 업체들과 경쟁이 가능하다는 점이다. 이 때문에 참여 장벽이 낮고 상이 업종들의 참여가 용이하다.

그림 EV와 태양광 발전의 타 업종 진입 사례

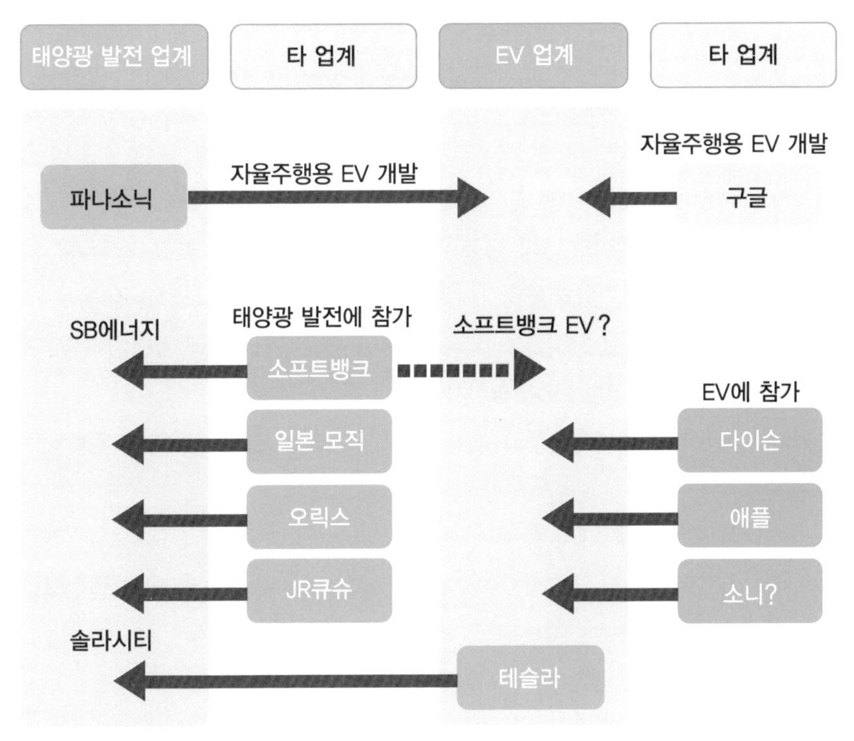

(출처) 저자 작성

소프트뱅크의 EV가 등장할까?

EV 업계에서는 신규 및 이종업체들의 참여가 줄을 잇고 있다. 애플, 구글, 파나소닉에 이어 차기 기대주는 소프트뱅크이다. 과연 '소프트뱅크의 EV'는 있을 수 있을까?
소프트뱅크는 벌써 에너지 분야에 진출하고 있다. 2011년 10월에는 100 % 자회사 SB에너지를 설립해 2012년 7월, 신재생에너지의 가격 매입 제도(FIT)가 시행된 시점에 교토시와 군마현 신토촌에서 메가 솔라(태양전지) 영업 운영을 개시했다. 2017년 현재, 일본에서도 최대의 운영 사업자가 되고 있다. 게다가 2012년 8월에는 SB파워를 설립해, 소매 전기사업에도 참여하고 있다.
소프트뱅크는 또한 2013년 5월, 미국의 블룸에너지(Bloom Energy)와 합작하여 블룸에너지재팬을 설립했으며, 고정형 연료전지 시스템으로부터 발전되는 전력을 판매하기 시작했다. 2013년 11월, 일본에서 1호기를 후쿠오카 시내의 'M -TOWER'에 설치하기 시작하여, 게이오 대학, 도쿄 시오도메 빌딩, 오사카부 중앙 도매시장, 폴라이트 주식회사의 '폴라이트 쿠마다니 제2공장' 등 여러 곳에 설치하고 있다.
EV 사업의 일환이기는 하지만 이미 주변의 다양한 비즈니스에 참여하고 있다. 2013년 7월, 소프트뱅크는 EV의 충전량에 따라 요금을 부과하는 충전 스탠드 시스테이션을 개발하여 가가와현 토요시마에서 검증 실험을 한 후, 사업화를 검토하겠다고 발표했다.
2016년 10월에는 필리핀 마닐라에 전기로 주행하는 EV 트라이시클(3륜차)에 에코시스템을 조합한 새로운 대중교통 시스템 'Mobility as a System'을 도입하고, 보급을 향한 실증 사업을 개시했다.
이러한 움직임을 보면 당연히 EV 차량에 대한 기대가 높아질 수밖에 없는 것이다. 만약 EV 사업에 참가한다고 하면, 단독이 아닌 실리콘밸리나 중국의 EV 벤처와 제휴를 통해 진행할 것으로 예상된다. 만약 테슬라와 파트너를 이룬다면 세계 최강의 팀이 될 것이다.

제5장

테슬라 쇼크

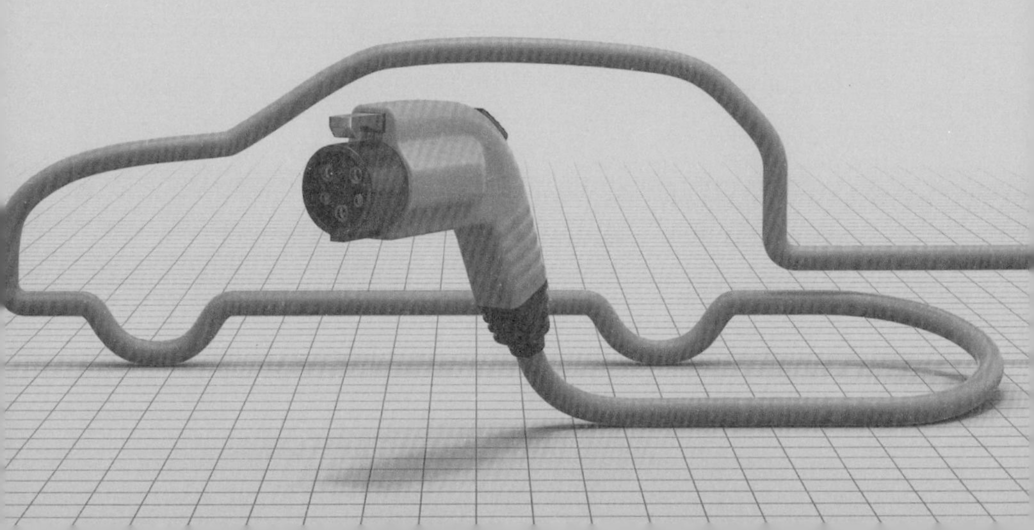

31

GM을 웃도는 시가총액

포드 자동차 이래 상장된 자동차 회사

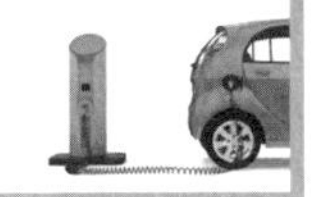

2017년 4월 10일, 미국의 주식시장에 충격적인 소식이 들려왔다. 테슬라의 시가총액(주가×발행된 주식 수)이 한때 GM을 넘어서면서 미국 자동차 기업 중 선두에 오른 것이다. 테슬라는 4월 3일에 업계 2위인 포드 자동차를 추월한 뒤 불과 1주일 만에 3위 ➜ 2위 ➜ 1위로 약진한 것이다.

테슬라의 주가는 같은 날 한때 313달러가 되면서 시가총액은 약 510억 달러(약 56조 4000억 원)에 이르렀다. 2016년 판매 대수는 GM이 996만 대, 테슬라는 10만 대에도 미치지 못한 판매 실적이지만, 규모로 100배인 거인을 제친 것이다. 덧붙여 2017년 4월 시점에서 토요타의 시가총액은 69조 원으로 테슬라, GM의 3배 이상이었다.

증권업계에서는 이와 같은 테슬라의 과도한 기대에 '곧 무너질 산사태'에 비유하기도 하였으나 큰 변화의 시기에는 이러한 현상도 일어날 법하다는 생각도 들었다. 그러나 하반기에는 GM의 주가가 다시 32 % 이상 상승하면서 양사의 시가총액은 재역전하기도 하였다.

테슬라가 나스닥에 주식을 상장한 것은 창업 이후 7년 후인 2010년 6월 29일의 일이다. 상장 가격은 17달러였으며 이 시점에 테슬라의 적자가 지속되었음에도 불구하고 상장이 가능했던 것은 EV에 대한 기대감이 컸기 때문일 것이다. 또한 자동차 업체의 신규 상장은 1956년 포드 자동차 이래 반세기만에 일어난 큰 사건이기도 하였다.

테슬라는 상장으로 인해 2000억 원을 조달받게 되었고 그 자금으로 모델S, 모델X 등을 개발하는 데 사용하였다. 이후 테슬라는 2017년 3

월에 중국 네트워크 업체 텐센트로부터 1.96조 원의 출자를 받고 중국에서의 공장건설을 위한 준비를 진행하고 있다.

그림 GM과 테슬라

	GM	테슬라
본사	미시간주 디트로이트	캘리포니아주 팰로앨토
창업	1908년	2003년
종업원 수	21만 5000명	3만 3000명
판매 대수	1000만 대	10만 대

(참고) 테슬라의 판매 대수는 예측값
(출처) GM, 테슬라 홈페이지 등 각종 자료에서 편집해서 작성

테슬라의 주가 추이

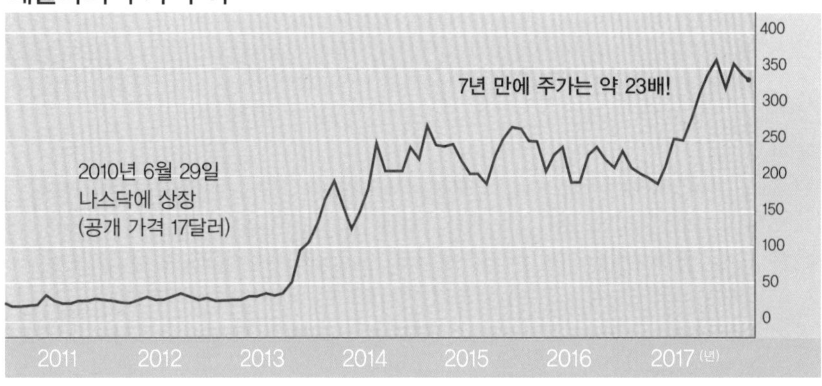

(출처) Yahoo! Finance

32

귀재 일론 머스크

우주 태양광 발전에도 참여

일론 머스크는 테슬라의 CEO(최고 경영 책임자)이지만, 회사의 창업자는 아니다. 2003년 회사를 설립한 사람은 마틴 에버하드, 마크 타페닝이었다. 머스크는 2004년 4월에 첫 자금 조달을 주도하고 동시에 스스로도 출자해, 2008년 10월에 본사의 회장 겸 CEO에 취임했다.

머스크는 1971년 남아프리카 공화국 태생으로, 어머니의 모국인 캐나다를 거쳐 미국 펜실베이니아 대학교에서 공부했고, 테슬라에 취임하기 전인 1999년에는 Paypal사의 전신인 X.com사를 설립했다. 그는 당시부터 인류의 진보에 기여할 분야는 인터넷, 청정에너지, 우주로 여겼다.

그가 CEO를 맡은 회사는 그 외에도 더 있지만, 테슬라 이상으로 주목받고 있는 것이 스페이스X사이다. 민간 우주 로켓을 개발 제조하는 회사로, 머스크가 테슬라에 오기 전인 2002년에 창립해, CEO 겸 CTO에 취임하였다.

스페이스X는 저비용의 로켓을 주력으로 하며 우주 분야에서 많은 공헌을 하고 있다. 2016년 4월에는 케네디 우주 센터에서 쏘아 올린 '팰컨 9'를 대서양상 무인 선상에 수직으로 착륙시키는 데 성공하였다. 해상에서의 로켓 귀환 성공은 세계 최초의 쾌거로, 이 방식이 실용화된다면 발사비용이 대폭 절감될 것으로 기대되고 있다.

또 2006년에는 태양광 발전회사 솔라시티를 설립해 회장에 취임했다. 솔라시티는 가정용 태양광 발전 분야에서 제3자소유(TPO) 모델을 내세우며 급성장했지만 2016년 테슬라와의 합병 전에는 TPO 모델의 수익성이 악화되면서 실적이 저조했다.

이 합병에는 일부 주주로부터 반대가 있었지만, 양 회사의 합병에 의한 시너지(상승효과)는 크다고 할 수 있다.

그림 일론 머스크의 도전

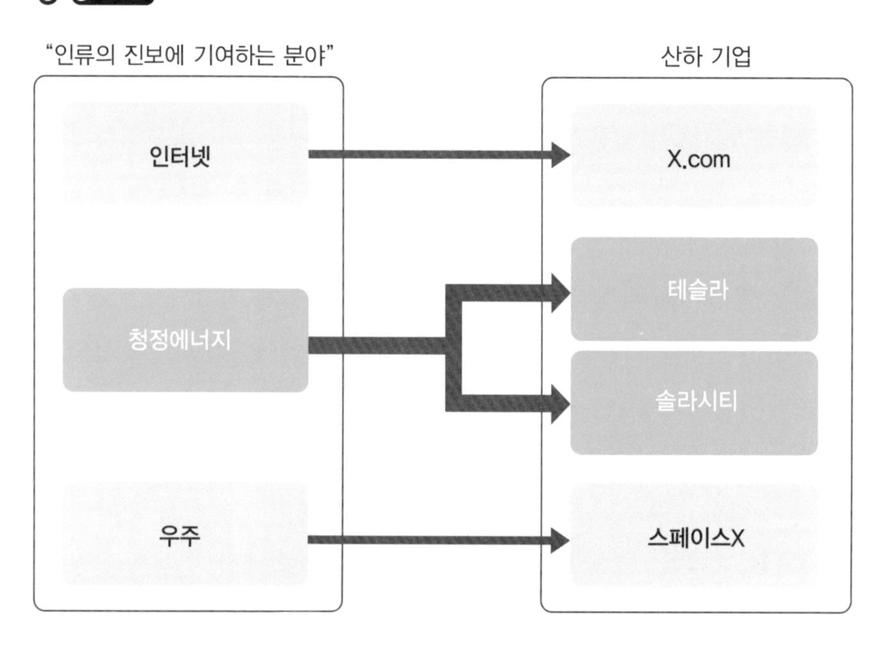

유인 우주선을 공개하는 미국 스페이스X의 일론 머스크 CEO(2014년 5월, 교도통신)

33 테슬라의 회사명은 왜 '테슬라'인가?

회사명은 니콜라 테슬라에서 유래

'테슬라'라는 회사는 유명하지만 이 이름의 유래를 아는 사람은 많지 않다. 테슬라사에서 사용하고 있는 모터는 닛산 자동차나 미쓰비시 자동차가 사용하고 있는 것과는 다르다는 것이 하나의 힌트이다.

모터에는 '직류 타입'과 '교류 타입'이 있는데, 현재 세계에서 양산하고 있는 EV의 대부분은 교류 모터를 사용하고 있다. 여기까지는 같지만 미쓰비시나 닛산이 사용하는 것은 같은 교류 타입이더라도 영구자석 동기형을 사용하고 있다.

반면 테슬라가 사용하는 것은 유도 모터이며 영구자석은 사용하지 않는다. 강력한 자석을 만들기 위해서는 네오디뮴이라고 하는 고가의 희토류가 필요하며, 그 자원은 제한적이므로 고갈에 대한 우려가 있지만, 유도 모터를 사용하는 테슬라는 이러한 걱정이 필요 없다.

테슬라의 회사명은 바로 1882년에 교류 유도 모터를 발명한 니콜라 테슬라에서 따온 것이다. 3년 전인 1879년, 토머스 에디슨이 백열전구를 발명하면서 1882년 9월에 뉴욕 맨해튼의 59곳에 설치된 전등에 전기를 공급하는 사업을 시작했다. 이때 에디슨이 사용한 방식은 백열전구에 적합한 직류였다. 그러나 비슷한 시기에 니콜라 테슬라는 조지 웨스팅하우스와 함께 교류를 통한 송전시스템을 연구해 이를 제안하였다. 에디슨과는 사이가 좋지 않아 이른바 '전류 전쟁(직류 · 교류 전쟁)'이 일어난 시기였다. 이 '전쟁'에 승리한 것은 물론 테슬라의 '교류'였다.

테슬라의 EV는 교류 모터 식으로, 니콜라 테슬라의 발명에 따른 교류 유도 모터를 사용하고 있으며 유도 모터 발명자에 대한 배려가 회사 이름에 담겨져 있는 것이다.

2009년에 테슬라 본사의 관계자는 "지금은 이 타입이 가장 좋다고 생각한다."는 답변이 있었지만 이후 '모델3'에서는 영구자석 동기형을 사용하고 있었다.

그림 모터의 종류

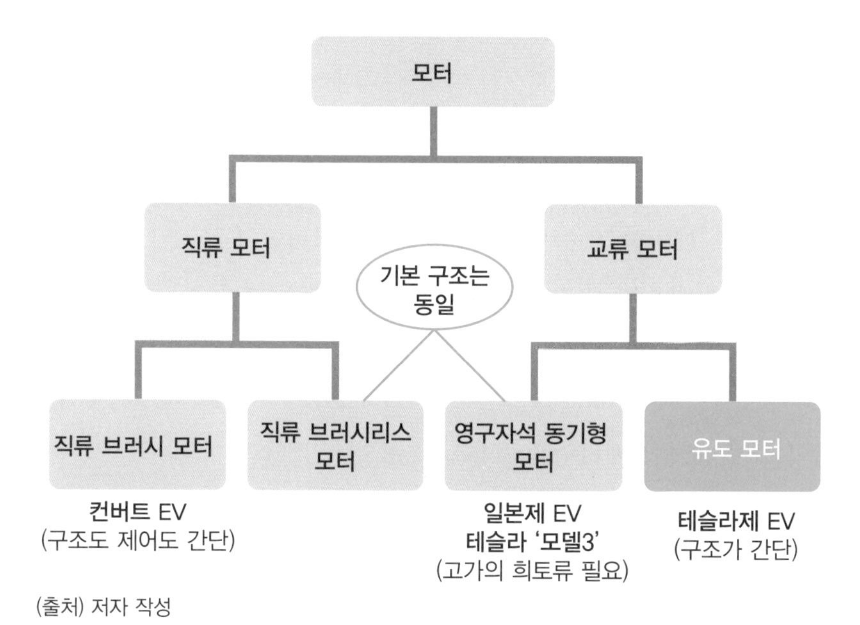

(출처) 저자 작성

34

테슬라의 라인업

슈퍼 카에서 일반 차까지

테슬라가 판매하는 주력 차종은 현재 모델S, 모델X, 모델3 세 종류이다. 지금 주목받고 있는 것은 모델3이나 2008년에 판매된 로드스터 역시 당시에는 주목을 받았다. 이 차량에 대해서는 개발 단계에서부터 많은 관심을 갖고 있어서인지 2009년 9월, 테슬라 본사(캘리포니아주) 가까이에 위치한 테슬라 숍에 직접 찾아가 처음으로 운전을 하게 되었다.

평판대로 대단한 가속력에 기어변속이 없어서인지 끊김이 없었다. 액셀을 밟았을 때 "윙–" 하는 소리를 듣고 "미래가 왔구나."라고 느꼈다. 일반 EV와는 다른 교류 유도 모터를 사용하고 있다는 것은 앞서 서술한 바와 같으며, 배터리에서도 독자의 기술을 채택하였다. 미쓰비시나 닛산이 독자 개발한 배터리를 사용한 것에 비해 테슬라는 노트북 PC 등에서 사용되고 있는 '18650'형이라고 불리는 범용 배터리를 사용하고 있으며, 비용 면에서도 많이 절감할 수 있게 되었다. 이러한 방식은 '모델S', '모델X', '모델3'에도 계승되고 있다.

이러한 EV는 가격이 약 1억 원에 가까운 고가인데 "왜 이렇게 비싼 차를 만들었는가?"라고 본사의 마케팅 매니저(여성)에게 문의했더니, "시작은 1억 원 상당의 슈퍼 카를 시작으로 많은 주목을 받게 되면 테슬라가 유명세를 타게 될 것이고, 그러면 곧 저렴한 일반차를 출시할 전략이다."라는 회답이 있었다. 실제로 로드스터는 레오나르도 디카프리오, 조지 클루니, 브래드 피트, 아놀드 슈왈제네거 등 저명인사들이 구입하여 광고 효과를 제대로 냈다.

2017년 11월, 테슬라는 신형 로드스터를 발표하였는데 최고 속도는

400 km 이상이며, 0에서 100 km/h까지 1.9초밖에 걸리지 않는다. 1회 충전으로 갈 수 있는 주행거리는 1000 km로, 2020년 판매를 목표로 하고 있다. 또한 첫 트럭 EV인 '테슬라 세미'의 시제차를 공개하기도 하였다.

그림

캘리포니아에서
로드스터를 탄 필자(2009년 9월)

모델S(교도)

모델X(교도)

모델3(교도)

신형 로드스터(출처: flickr)

트럭 EV '테슬라 세미'(출처: flickr)

35

EV에서 태양광 발전까지

회사명을 테슬라로 변경

2017년 2월, 테슬라는 회사명을 테슬라 모터스에서 테슬라로 바꾸었다. 테슬라는 EV 이외에도 고정형 축전지를 판매하고 있었으며, 2016년에는 태양광 발전 기업인 솔라시티를 사들여 EV 외에 다양한 에너지 분야로 진출하게 된다.

EV가 주행 중에 배출하는 CO_2와 배출가스는 0이면서 기존의 내연기관 차량보다 훨씬 깨끗하기는 하지만, 진정한 의미의 에코카가 되기 위해서는 전기가 만들어지는 원료를 생각해야 한다. 즉, 화석연료가 아닌 태양광이나 풍력으로 조달되도록 해야 한다는 의미이다.

한편 태양광 발전은 축전지와 함께 사용함으로써 그 진가를 발휘할 수 있다. 일본에서는 현재 태양광 발전에 의한 전력은 전력 회사에 팔 수 있지만 앞으로는 생산된 전력은 그곳에서 소비하는 시스템으로 전환하려고 한다. 이때 필요한 것이 축전지이다. EV, 축전지, 태양광 발전, 이 세 가지를 망라하는 회사가 바로 솔라시티를 합병한 신생 테슬라인 것이다.

테슬라가 2015년에 판매한 고정형 축전 시스템 '파워월(Powerwall)'은 10 kWh와 7 kWh 두 종류로 이들 모두 벽걸이 타입이었다. 놀라운 것은 10 kWh 모델은 3500 달러(약 420만 원), 7 kWh 모델은 3000 달러(약 360만 원)로 타사 제품의 4분의 1에서 5분의 1 정도의 저렴한 가격이라는 것이었다. 2016년 10월에 리튬 이온 배터리의 용량을 14 kWh로 늘린 2세대 '파워월'이 등장하였는데, 14 kWh는 일반 세대 평균 사용량의 1.5일분에 해당한다.

테슬라는 또한 지붕 타일의 형태를 한 가정용 태양광 발전 패널 '솔라

루프'를 발표하였다. EV를 충전하는 것은 물론, '파워월 2'와 조합하여 발전 전력의 자가 소비나 긴급할 때 백업 전원으로 사용할 수 있게 하였다. 솔라시티 합병에 의한 상승효과는 컸으며, 테슬라는 발전에서 교통까지 폭넓은 분야에서 CO_2 저감에 공헌하게 되었다.

그림 회사명을 테슬라 모터에서 테슬라로 변경

(출처) 저자 작성

COLUMN

테슬라 주식으로 5배의 이익, 그래도 후회된다!?

테슬라에 대해서는 충격이라는 표현 외에는 달리 생각나는 단어가 떠오르지 않는다. 2003년에 창업하여 5년 후인 2008년에 벌써 1호 EV인 '로드스터'를 판매하고, 이후 연달아 내놓는 EV가 성공을 거두면서 세계 EV의 리더가 되었다.

가장 큰 충격은 주가였다. A는 테슬라 설립 2년 뒤인 2005년경부터 이와 관련된 뉴스에 늘 관심을 가지고 있었다. 또한 강연 등을 통해 "테슬라가 상장하면 대단한 일이 될 것이다."라고 말하고 다녔다. 대부분의 일반인들에게는 "테슬라가 뭐지?" 정도의 반응이었지만 벤처 창업가인 B는 이러한 상황을 새겨두고 테슬라가 상장할 시점에 주식을 샀다.

A는 '상장 직후에는 과열 조짐을 보일 것'이라는 생각에 당분간 상황을 주시하고, 30달러 정도로 안정되고 나서 구입하였다. A는 미래의 자동차 회사는 EV가 100 % 되리라 믿었기에 응원 삼아서 테슬라 주식을 사고, 주식으로 일확천금에 대한 기대 없이 편하게 생각했었다. 그런데 15년 만에 테슬라 주가는 급상승해 순식간에 100달러를 넘어섰다.

이렇게 되면 돈 벌 생각은 없다던 A의 마음이 편치만은 않았다. 응원할 생각이라면 주가 동향에 상관없이 계속 갖고 있으면 되겠지만 경영 컨설턴트이기도 한 A의 입장에서 보면 100달러라는 주가는 비정상적으로 생각됐다. 미국 애널리스트들도 "이론 주가의 2~3배", "곧 내려갈 일만 남았다."라고 말하곤 했다.

결국 A는 망설인 끝에 약 115달러에 매각했고, 결과적으로 차익을 포함해 약 5배의 수익을 얻게 되었다. 이는 주식투자로써 성공한 것인가? 2017년 11월 13일의 테슬라 주가는 315달러로, A가 2015년에 팔지 않았더라면 10배의 수익이 생겼을 것이다.

B는 A보다 빨리 사고 늦게 팔아 10배 이상의 수익을 챙겼다. 그 수익으로 B가 구입한 것이 테슬라의 모델S였다.

제6장

EV를 둘러싼 자동차 산업 지도

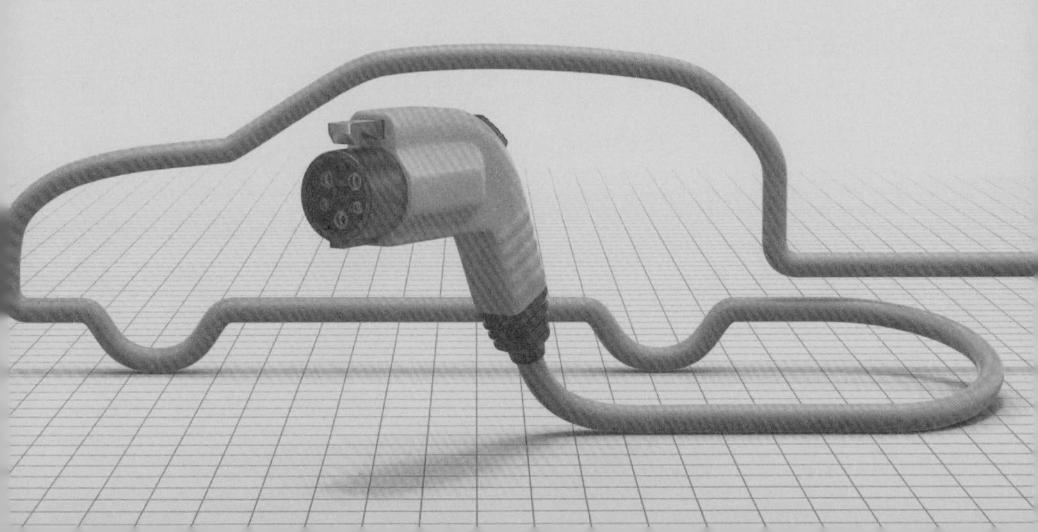

36 EV를 둘러싼 자동차 산업 지도

격변하는 주역들

세계의 자동차 업계가 일제히 EV로 전환하고 있지만, 주도권 경쟁의 중심은 테슬라와 BYD일 것이다. 그 외에 르노 · 닛산 · 미쓰비시 자동차가 연합한 구조이다. BYD는 미국의 워런 버핏, 테슬라는 중국의 텐센트가 각각 출자를 하고 있다. 유럽에서는 VW, BMW, 메르세데스 등의 대기업들이 EV로 전환을 확고히 하였다.

일본은 여러 업체들의 연합으로 대항하고 있다. 한발 늦은 토요타 자동차는 마쯔다, 덴소를 추가한 3사에서 EV 개발을 위한 새로운 회사를 설립하였다. 향후 다이하쓰, 스바루, 스즈키나 부품 업체들까지도 합류하는 대기업 연합 형태로 발전할 가능성도 있다.

이제야 간신히 움직이기 시작한 토요타이지만, EV 개발이 신속히 진행될지는 불투명하다. 연합한 기업들의 규모가 너무 크기 때문이다. EV의 구조는 간단해서 테슬라의 사례에서 보듯이 단독으로도 단기간에 개발할 수 있는 것이 EV인 것이다. 대기업 연합의 형태로 하게 되면 기존과 마찬가지로 의사결정이 늦어지게 되고 결국 진행이 제대로 되지 않을 가능성이 높아질 것이다.

다소 의아한 한 회사가 GM이다. 전동화에 대한 대응 자체는 신속해서 2010년에 '볼트'를 판매하기 시작했지만, 이것은 어디까지나 PHEV의 일종으로 순수 EV 볼트를 내놓은 것은 2016년의 일이었다. 2017년 10월, GM은 2023년까지 EV와 FCEV를 포함해 20 차종 이상을 판매하겠다고 발표했다. 종합적으로 볼 때 토요타보다 한 걸음 정도는 앞선다고 볼 수 있다. 토요타와 GM이라는 내연기관 시대의 양대 산맥이 지금처럼 압도적인 지위를 유지하기란 쉽지 않아 보인다.

주목해야 할 점은 상이한 업종으로 새로이 진입할 기업군이다. 미국의 애플, 영국의 다이슨, 중국의 웨이라이, 러에코, 샤오펑, 치엔투 등이 여기에 해당된다. 특히 인터넷 관련 기업들은 빠르게 움직이므로 잠시라도 눈을 떼서는 안 되는 상황이다.

그림 EV 전쟁의 주플레이어들

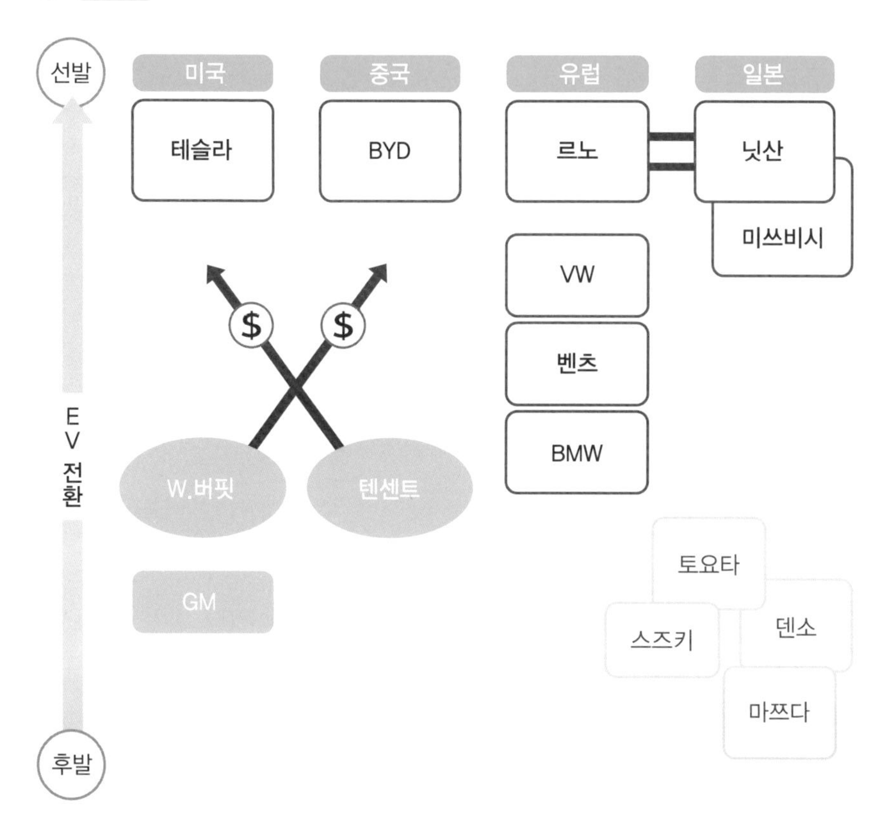

(출처) 저자 작성

37

'e-POWER'로 약진하는 닛산

프리우스를 앞서는 노트

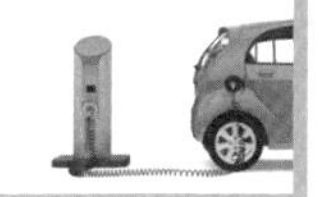

2016년 11월, 차량별 신차 판매 대수에서 선두를 차지한 닛산의 '노트'는 이후에도 꾸준히 판매를 유지해, 2017년 상반기의 판매 대수에서도 '프리우스'에 이어 2위를 차지했다. 그 약진의 원동력이 'e-POWER'이다.

'e-POWER'는 2016년 닛산이 발표한 시리즈 방식 하이브리드 시스템으로, 엔진이 발전기 역할을 하여 전기를 만들면 모터는 이 전기로만 주행하는 방식이다. 이 방식이 양산형 콤팩트 카에 탑재된 것은 세계 최초이다. 'e-POWER'는 모터만으로 주행하는 방식이기 때문에, 구동 시스템은 EV와 별반 다르지 않다. 이러한 이유로 닛산은 '리프'의 구동 시스템을 활용해, 짧은 시간에 '노트 e-POWER'를 개발할 수 있었다. 또한 신형 '리프'와 마찬가지로 액셀 페달만으로 가감속하는 '원페달 주행'이 가능하도록 하였다.

'노트 e-POWER'의 대성공으로 닛산은 즉시 'e-POWER'의 후속을 공개했다. 10월 25일에 개막한 도쿄 모터쇼에서 신형 '리프', '노트 e-POWER'와 함께 전시된 것이 '세레나 e-POWER'이다.

판매는 2018년 상반기로 탑재되는 'e-POWER'에서는 트윈 모터를 탑재해 '노트'보다 고출력이며, 배터리의 용량도 키웠다. 인기 차종 '세레나'는 'e-POWER'의 채용으로 한층 더 인기가 오를 것으로 기대된다.

이렇듯 'e-POWER'에 주목하는 이유는 시리즈형 하이브리드 차가 배터리 용량을 키움으로써 PHEV에서 순수 EV로 진화할 수 있는 가교 역할을 할 것이라는 점이다. '노트'도 '세레나'도 EV로의 진화가 촉진될 것으로 기대되고 있다.

그림 e-POWER로 약진하는 닛산

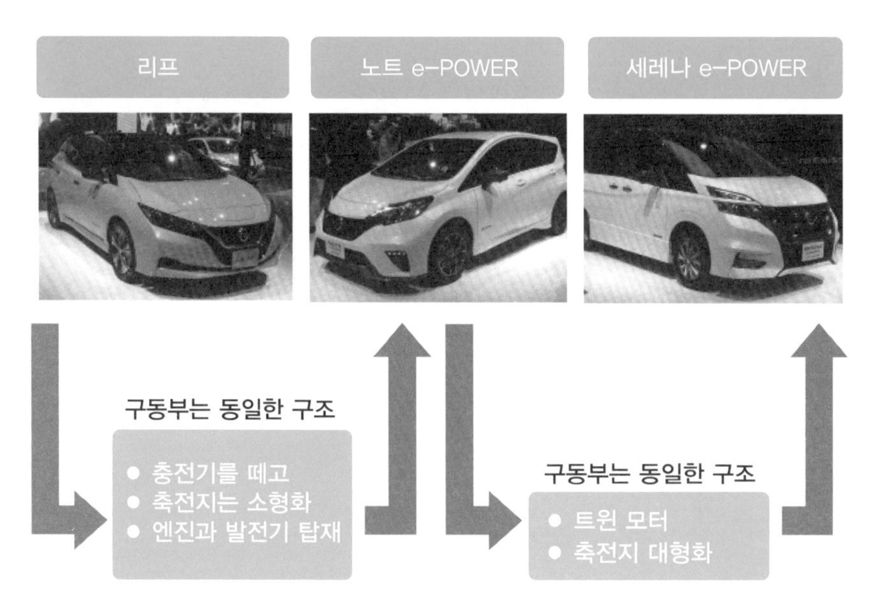

(출처) 저자 작성

38

닛산 · 르노 · 미쓰비시의 EV 전략

세계 제패를 향한 야망

카를로스 곤은 르노의 대표이사 겸 CEO(최고 경영 책임자), 닛산의 회장, 미쓰비시 자동차의 회장을 겸임한 EV 추진에 있어서 중요한 인물이다. 르노 · 닛산에 미쓰비시를 더한 3사 연합은 2022년까지의 중기 경영 계획을 발표했다. 곤 회장은 새로운 12 차종의 EV를 3사 공통의 플랫폼으로 준비해, 전체 판매에 차지하는 비율을 30 %까지 높인다는 방침을 세웠다.

EV 가격의 주요 요소인 배터리의 비용을 30 %까지 줄이는 것도 목표로 하고 있다. 또한 완전 자율주행을 2022년에 실현하고, 커넥티드 기술을 위한 강화책에 대해서도 언급했다.

3사 연합 중 EV에 있어서 가장 발 빠르게 움직인 업체는 2009년에 세계 최초의 양산 EV 'i-MiEV'를 판매한 미쓰비시 자동차였다. 아쉽게도 생산이 중단된다는 보도가 있기는 하였으나 2013년 1월에 판매된 '아웃랜더 PHEV'는 판매를 유지하고 있다.

닛산도 2010년부터 판매한 '리프'의 누적 대수가 약 28만 대로 인기를 차지하고 있으며 2017년에 2세대 리프를 판매하기 시작했다. 르노 역시 EV '조에(ZOE)'가 유럽에서 EV 부문 베스트셀러가 되었고, 3사의 EV 누적 판매 대수는 50만 대를 넘어 제조업체별로도 세계 1위를 차지했다. 그러나 테슬라의 모델 예약 대수가 50만 대를 넘어서는 등 경쟁은 갈수록 치열해지고 있다.

3사 연합의 무기는 그 규모라고 할 수 있다. 2017년 상반기에는 3사 연합이 처음으로 세계 판매 대수 1위에 올라 2016년 상위 3사인 폭스바겐(VW), 토요타 자동차, 미국 제너럴 모터스(GM)를 능가했다. 이로써 세계 자동차 산업은 연간 판매 대수 1000만 대 규모의 톱 4가 경쟁하는 구도가 되었다. 이 가운데 3사 연합은 2022년까지 40 %가 늘어난 연간 1400만 대까지 늘릴 계획을 세웠다.

그림 카를로스 곤의 세계 전략

그룹 중기 경영계획~2022년

르노	닛산	미쓰비시
조에	리프	아웃랜더 PHEV

- 새로운 12개 차종의 EV
- 3사 공통의 플랫폼
- 전지 비용 30 % 삭감
- 완전 자율주행 커넥티드 기술

강력한 리더십

자동차 총 판매 대수 1400만 대

전동차 판매량 중 전동차의 비율 30 %

세계 제패를 노리는 카를로스 곤

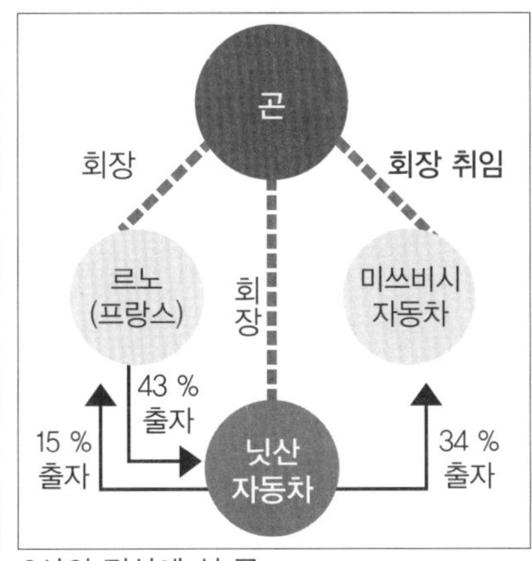

3사의 정상에 선 곤

(출처) 저자 작성

39 EV로의 전환을 굳힌 VW과 볼보

EV 전환을 이끈 VW 디젤게이트

2015년 9월 18일, 폭스바겐(VW)에 의한 디젤 엔진의 배출 가스 조작이 있었다고 미 환경보호국이 발표했다. 이를 계기로 디젤이 더 이상 에코카가 아니라는 인식이 확산되었다.

그리고 9개월이 지난 2016년 6월, VW은 'TOGETHER'라는 중기 경영전략으로 "2025년까지 전동화 차량을 30개 차종 이상 투입한다."라고 발표했다. 지금까지의 디젤차 중심에서 EV로의 대전환점이 된 것이다.

VW의 EV화 계획은 이후에도 가속되고 있다. 2025년까지 약 50 차종의 EV와 30 차종의 PHEV로 대체할 방침이며, 2030년에는 아우디, 포르쉐, 벤틀리, 부가티를 포함한 그룹 전체 약 300 차종 이상의 모델에 EV · PHEV화를 진행하는 'Roadmap E'를 발표하였다. 또한 EV 차량의 세계 판매 대수를 전체의 4분의 1인 300만 대로 설정하고, 그중 절반인 150만 대는 중국을 목표로 하고 있다.

다른 유럽 국가들도 EV 전환을 서두르고 있다. 가장 혁신적인 업체는 스웨덴의 볼보로, 2017년 7월에 가솔린차의 생산을 단계적으로 중단하고 2019년 이후에는 모든 차종을 EV 또는 HEV로 전환한다고 발표하였다. 생산하는 모든 차종을 전동화로 전환하겠다는 계획을 밝힌 것은 자동차 업체 중 첫 사례이다.

세계 대형 자동차 회사들은 EV화로 방향을 전환하긴 했지만 가솔린과 디젤차의 비율이 아직까지 높기 때문에 단계적으로 전환할 수밖에 없을 것이다. 그러나 테슬라의 대응 속도를 본 볼보는 과감한 방향전환을 했다고 보인다.

볼보는 스웨덴의 예테보리에 본사를 두지만 현재는 중국의 자동차 업체인 지리 홀딩그룹의 산하에 있다. 세계 최대의 EV 시장이면서, 중국의 모회사로부터의 영향도 있었을 것으로 보인다.

그림 EV 전환에 있어서 업체들의 상황

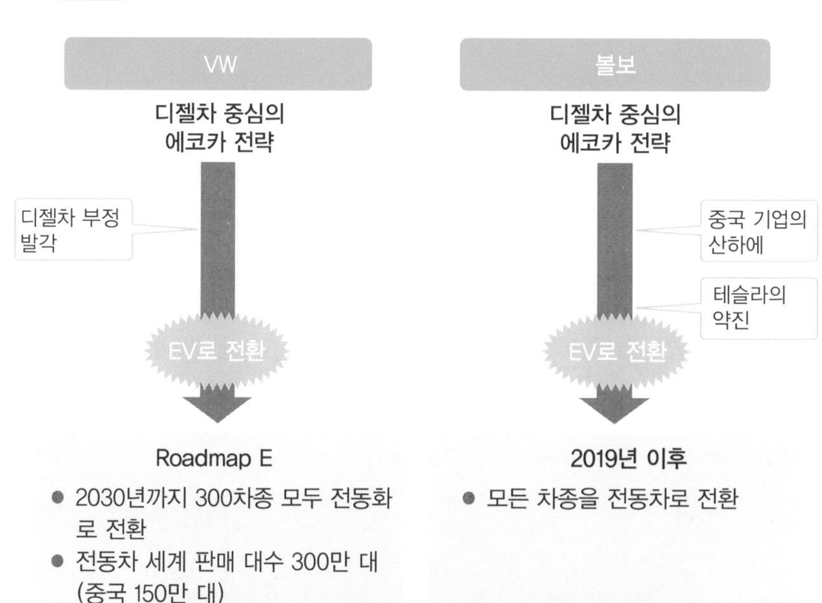

폭스바겐 e-Golf

(출처) 저자 작성

40

세계 최고의 중국 EV 업체 BYD

'왕조' 시리즈에 쏠리는 세계의 눈

EV 혁명의 주역 3인은 테슬라의 일론 머스크 CEO, 닛산 자동차의 카를로스 곤 회장, 그리고 BYD의 왕촨푸 사장일 것이다. 그중에서 가장 유리한 고지에 서 있는 인물은 왕사장이다. 세계 최대의 자동차 시장인 중국을 본거지로 두고 있기 때문이다.

왕사장은 1995년에 시작한 배터리 업체 BYD에서 배터리 사업의 노하우를 살려 EV 사업에 진출하게 되었다. 2003년에는 자동차 부문에 BYD 오토라는 별도의 회사를 설립하고, 2008년 12월에 세계 최초의 양산형 플러그인 하이브리드 차인 F3DM을 출시하였다. 본사는 BYD, BYD 오토 모두 선전시에 위치해 있다.

BYD는 순수 EV인 'e6'를 2011년에 판매하기 시작하였으며, 3만 달러 이상의 높은 가격으로 인해 일반인보다는 택시 용도로 주로 사용되기 시작하여 현재도 많이 보급되고 있다. 1회 충전 시 주행거리는 330 km이다. 2013년에는 PHEV 타입의 '진'을 판매하기 시작하였다. 배터리 용량은 13 kWh로 EV 주행범위(모터만으로 달릴 수 있는 거리)는 70 km이다. '진'은 2015년까지 베스트셀러 PHEV의 자리에 올라 있었으며, 2016년 12월까지 누계 판매 대수는 약 6만 9000대에 이르렀다. 2016년 3월에는 순수 EV 타입의 '진 EV300'(주행거리는 약 300 km)를 판매하기 시작하였다.

'진(眞)'에 이어 2015년에는 '당(唐)'이 나왔다. '진'이 콤팩트 세단이라면 '당'은 SUV(스포츠 다목적차)로, 18.4 kWh의 배터리를 탑재해 EV 주행범위 80 km를 실현하였다. 당은 2016년 중국 전동차 중 판매량 1

위를 기록하였으며, 2017년 2월까지의 누계 판매 대수는 약 5만 대에 이르렀다. 이후 '송', '원'이라는 두 종류의 PHEV를 판매하였는데, 이들 진, 당, 송 ,원을 합쳐 '왕조 시리즈'라 부른다. 2017년 4월 상하이 모터쇼에서는 '왕조(Dynasty)'란 시제차를 출시하면서 세계의 관심을 받기도 하였다.

그림 중국 EV 최고 기업 'BYD'

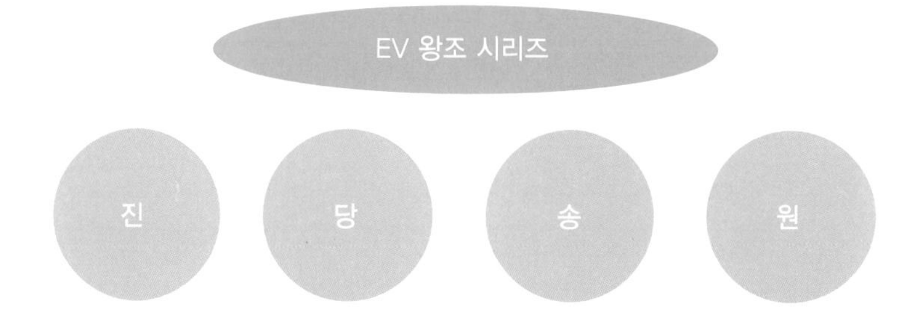

선전 교외 고속도로를 달리는 BYD '당(唐)'

(출처) 저자 촬영

COLUMN

GM의 EV 전략 'Volt' 다음은 'Bolt'!

GM은 혼동하기 쉬운 이름의 EV 두 차종을 내 놓았다. 'Bolt'와 'Volt'이다. 첫 글자가 'B'와 'V'로 표기도 다르고 발음도 다르지만, 한글로는 어느 차나 '볼트'로 표기되기 때문에 혼돈하기 쉽다. 'Bolt'는 GM이 2016년에 생산 · 납품을 개시한 순수 EV이며, 또 다른 'Volt'는 2010년 12월에 판매한 시리즈 방식의 PHEV로, 완전히 다른 종류의 차량이다.

Volt가 채택하고 있는 시리즈 하이브리드 방식은 닛산의 노트 e-POWER와 동일한 방식이다. 하지만 Bolt의 경우 'e-POWER'가 외부에서 충전하지 못하고 가솔린만을 에너지원으로서 주행하는 데 비해, 'Volt'는 외부로부터의 충전이 가능하고 EV주행 범위가 80 km를 넘는다는 것이다. 전기를 소모한 다음에는 'e-POWER'와 같이 가솔린 엔진으로 발전을 해서 모터에 전기를 공급하면서 주행한다.

'Volt'와 같은 전동차를 '주행거리 연장형 EV'라고 부르기도 하지만, 분류상으로는 플러그인 하이브리드 차(PHEV)의 일종인 것이다. 다만 토요타의 '프리우스 PHEV'와는 구동 방식이 다르다.

Volt의 이름은 전압의 단위인 Volt에서 유래된 것임을 잘 알 수 있다. 이에 비해 'Bolt'는 Thunderbolt에서 온 것으로 번개를 의미한다. 그런데 이 두 차명은 미국인에게도 매우 혼동스러운 이름이기에 최근에 순수 EV를 'Bolt EV'로 표기하고 있다. 그런데 이름은 몰라도 GM에 있어서 'Bolt EV'는 테슬라 '모델3'의 대항마로서 매우 중요한 차다. '모델3'는 가격 면에서는 GM 'Bolt'와 거의 대등하며 주행거리도 측정 방법에 따라 다소 차이야 있겠지만 기본적으로 동등하다고 볼 수 있다.

제7장

EV 혁명 1100조 원 시장의 충격

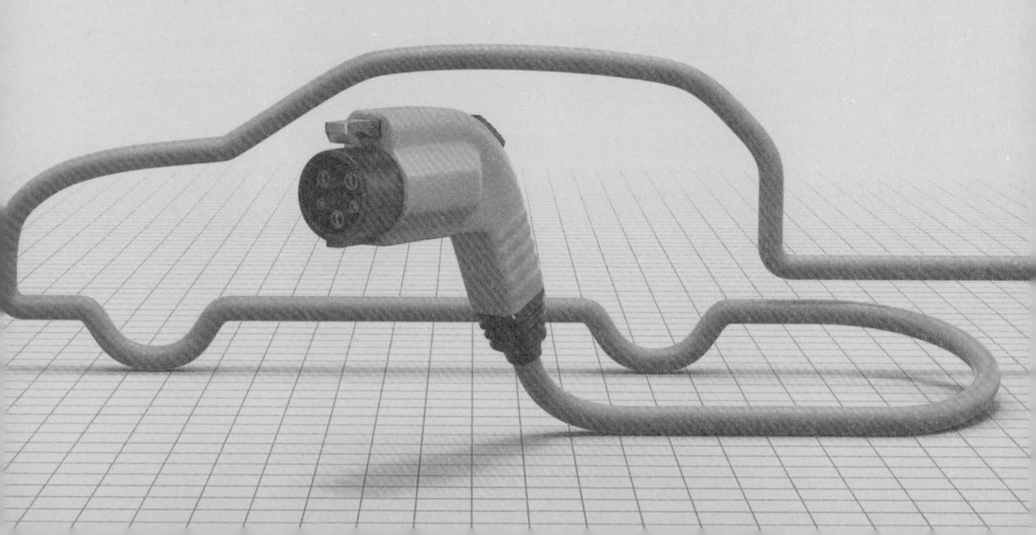

41

전기자동차의 구조

EV 자율주행차

전기자동차(EV)란 말 그대로 전기로 달리는 자동차이다. 엔진 대신에 모터, 가솔린 대신에 전기와 배터리, 그리고 출력 조정을 하는 제어기로 구성되어 있다. 이들 EV의 주요 구성부품만으로도 충분히 부드럽고 강력한 주행이 가능하다.

한편 EV화와 함께 진행되는 자율주행 기술은 가솔린보다는 EV에 적용하기가 더 용이하다. 테슬라 EV는 이미 자율주행 기능이 탑재되어 있으며, 닛산의 신형 '리프'는 버튼 조작 하나로 자동 주차를 할 수 있는 '프로 파일럿 주차' 시스템을 채용하고 있다.

한걸음 더 나아가서 차량을 클라우드와 접속함으로써 자율주행 외에 안전성 향상, 엔터테인먼트, 차량 관리, 주행 관리 등을 제공하는 '커넥티드 카'로의 진화도 시작되었다. 이를 위한 카메라, 센서, 제어 장치 등이 EV에 많이 장착되고 있다.

본래 자동차의 EV화와 자율주행은 직접적인 관계가 없지만, '전기제품'인 EV는 정보통신이나 자동제어와 궁합이 잘 맞기 때문에 이들 기술이 함께 병행하여 진화되고 있다. EV화로 인해 자동차 자체의 부품 수는 크게 줄었지만 자율주행에 관련된 부품과 장치들을 더하면 금액적으로는 오히려 늘어날 가능성도 있다. 영국 컨설팅업체 프라이스워터하우스쿠퍼스(PwC)는 세계 EV 시장은 2016년에 연간 66만 대에서 2023년도에는 357만 대로 5배 이상 생산량이 늘어날 것으로 예측했다.

또한 독일 컨설팅업체인 롤랜드 베르거는 EV화와 자율주행으로 자동차 부품 시장은 2015년 7000억 유로(약 910조 원)에서 2025년에는

8500억 유로(약 1110조 원) 이상으로 성장할 것으로 예측했다.

그림 전기자동차의 구조도

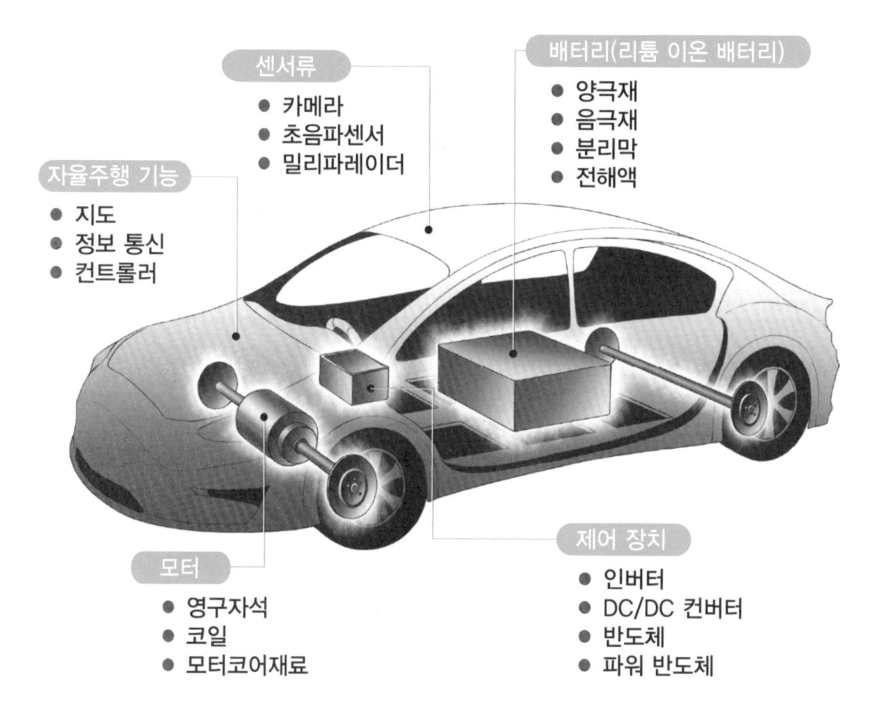

EV로 사라지는 부품, 생겨나는 부품

EV에 강한 부품 업체들

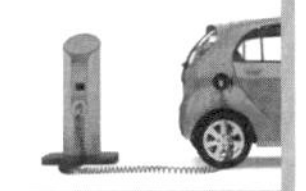

자동차의 EV화가 진행됨에 따라서 많은 부품들이 필요 없어지기도 하고, 반대로 새로운 부품들이 필요해지기도 한다. 대표적으로 필요 없어질 부품이 엔진이다. 그리고 엔진을 구성하는 부품인 피스톤링, 연료 분사 장치, 점화 플러그 등이 함께 사라질 수 있다.

피스톤링은 일본 업체들이 강한 분야이기 때문에 영향이 크다고 할 수 있다. 세계 시장은 6개사(3그룹)가 전체의 90 %를 차지하는데, 그중 일본 업체가 리켄, TPR, 일본 피스톤링 등 3개사가 포함되어 있다. 원형으로 된 작은 부품이지만, 1000분의 1밀리 단위의 정밀도를 요구하는 중요 부품이 더 이상 필요 없게 되어 버린다.

또한 연료인 가솔린, 디젤이 필요 없어지면 주유소가 없어지고 100조 원이라는 가솔린 시장이 사라질 것이다. 게다가 윤활유 역시 필요 없게 된다.

한편 새롭게 필요해지는 부품들도 있다. 그 첫 번째로 중요한 부품이 모터이다. 테슬라는 유도 모터를 채용했지만, 대부분은 영구자석 동기형 모터를 사용한다. 이러한 유형의 모터에 요구되는 것이 강력한 네오디뮴 자석이다. 히타치 금속이 이 자석에 관한 기본특허를 보유하고 있어(2014년에 기한 만료) 업계 최대 기업이라고 할 수 있다.

네오디뮴 자석은 글자 그대로 네오디뮴이라고 하는 희토류를 사용하는데, 문제는 그 공급량의 90 % 이상이 중국에서 나온다는 것이다. 중국이 일시적으로 수출 규제를 실시한 사례가 있어 많은 업체들이 혼란에 빠진 적이 있었다. 이러한 경험을 겪은 이후에는 자석 업체들이 중국 이외의 공급원을 개척하기도 하고 희토류를 사용하지 않거나 적게 사용하는 기술을 개발하는 등 위기에 대처하고자 노력하고 있다.

두 번째 부품은 배터리이다. 대부분 EV에 사용되고 있는 것이 리튬 이온 배터리이며 실용화에 있어서 일본기술이 공헌하였고, 현재 EV용 리튬 이온 배터리에서는 파나소닉이 세계 시장 점유율 1위를 차지하고 있다.

그림 EV 시대에 줄어드는 것 vs 늘어나는 것

	사라지는 부품 수요가 감소하는 부품	새롭게 사용될 부품 수요가 증가하는 부품
부품 · 기기	엔진 ● 피스톤링 ● 점화 플러그 변속기	축전지 반도체 모터 센서
소재 · 자원	가솔린 오일	희토류 리튬

(출처) 저자 작성

EV를 둘러싼 전지 업계의 경쟁

파나소닉을 추격하는 한국

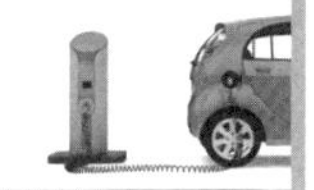

EV의 약점 중 하나는 주행거리가 짧다는 것이다. EV의 승부수는 배터리의 승부라고 해도 과언이 아니다.

2017년 10월 26일, EV용 배터리의 세계 시장 점유율 1위인 파나소닉은 생산 거점으로 둔 일본, 중국, 미국에서 일제히 생산량을 늘리기로 발표했다. 파나소닉의 강점은 테슬라와 밀접한 관계이면서 토요타뿐 아니라 포드 등 5개 회사의 10개 차종에 공급하거나 또는 공급할 예정이다.

바짝 뒤에서 추격하고 있는 우리나라는 LG화학이 GM에 2017년 볼트 EV의 배터리를 공급하고 있으며, 볼트의 주행거리는 320 km를 자랑하는 순수 EV이다. 경쟁사로 삼성 SDI도 이에 뒤지지 않는다. 2014년에는 BMW에 배터리 셀의 공급 확대에 관한 계약을 체결했으며 향후 수년에 걸쳐서 BMW의 'i3'와 'i8' 등에 새롭게 추가되는 EV용 배터리 셀을 공급하기로 하였다.

이러한 배터리 업체들의 역할이 중요시되면서 자동차 업체들에 대한 영향력이 커진다는 우려도 생겨나고 있다. 그래서 닛산은 NEC와 오토모티브 에너지(AESC)라는 합작회사를 설립하여 '리프'용 배터리를 공급하고 있다. 그러나 닛산이 2017년 8월 AESC를 중국 민영투자회사 GSR캐피탈에 넘기겠다고 발표하자 NEC 그룹은 닛산에 매각한 AESC 주식도 함께 중국계 펀드에 양도하였다.

닛산은 이미 HEV용 전지는 히타치 제작소로부터, '노트 e-POWER'용은 파나소닉으로부터 공급받고 있으며 EV용 배터리를 다양한 업체로부터 유연하게 공급받을 예정이다.

그림 주역은 배터리 업체!?

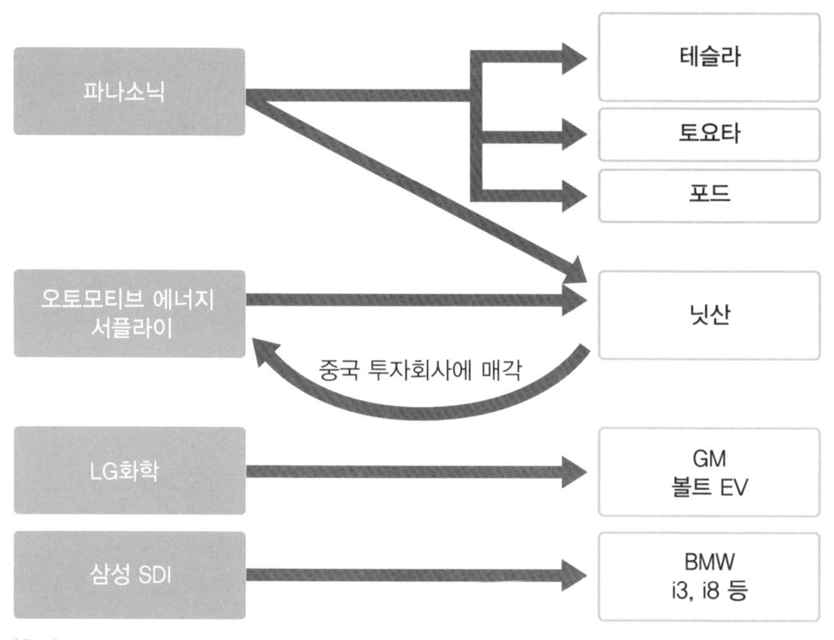

(출처) 저자 작성

미국 서부 네바다의 신전지 공장 '기가팩토리'에서 공동 기자회견을 하는 테슬라 모터스의 일론 머스크 CEO(왼쪽)와 파나소닉의 쓰가 가즈히로 사장
(2017년 1월 4일, 교도통신)

44

고체 전지로 2020년대의 주역을 목표로 하는 토요타

토요타의 기사회생

토요타 자동차가 도쿄 모터쇼 2017에서 기사회생할 만한 EV 참가 계획을 발표했다. 2020년까지 EV용 고체 전지를 실용화한다는 목표였다. 고체 전지에 대해서는 삼성 SDI가 2025년에 양산 계획을 발표하였으며 EV 참가를 표명한 다이슨도 이 전지를 사용하려 하고 있다.

고체 전지는 리튬 이온 배터리의 일종으로 모든 부품재를 고체로 구성하는 전지이다. 기존의 리튬 이온 배터리에서는 전해질을 액체로 사용하는 것에 비해, 고체 전지는 고체의 소재를 사용하고 있다는 점이 특징이다. 고체 전지는 전해질액의 누출 우려가 없기 때문에 발화 등의 위험성이 없고, 양극과 음극의 접촉을 막는 분리막이 불필요하다는 장점을 가지고 있다.

하지만 무엇보다 차세대 전지로 주목받는 가장 큰 이유는 현재의 리튬 이온 전지에 비해서 에너지 밀도가 높고 수명이 길기 때문이다. 토요타의 고체 전지로 실현 가능한 체적당 에너지 밀도는 약 300~800 Wh/ℓ로 추정되어 현재의 리튬 이온 배터리보다 1.5~4배 높아질 것으로 기대되고 있다.

새로운 기술이 나오면 이에 맞춰 새로운 업체가 등장하기 마련이다. 가장 눈에 띄는 업체는 일본특수도업(NGK/NTK)이라는 업체로 개발 중인 고체 전지를 '도쿄 모터쇼 2017'에 출시했다. 개발 중이기 때문에 자세한 사양은 공개하지 않았지만, 실용화 시기에 관해서는 토요타가 2020년대 전반이라고 발표한 이상 "같은 시기에 맞추고 싶다."라고 말하고 있다.

토요타에서 고체 전지를 예정대로 실용화할 수 있다면, 지금까지 뒤처진 EV의 자리를 단번에 되찾을 수 있을 가능성도 있다. 토요타가 2020년대의 주역이 될지는 지켜볼 일이다.

그림 고체 전지 실용화 시기

(출처) 각 업체자료를 바탕으로 저자 작성, 사진은 일본특수도업에서 발취

45

소재업체에 부는 순풍 스미토모금속광산(양극재) 등

사업 기회의 도래

EV의 보급확대는 배터리의 수요를 대폭적으로 증가시킬 것이다. 일본특수도업(NGK/NTK)의 주요 부품 중 하나인 스파크 플러그는 EV화로 인해 불필요한 부품이 되겠지만, 현재 개발 중인 고체 전지가 실용화된다면 이는 크나큰 비즈니스 기회로 연결될 수 있다. 배터리 수요가 증가하면 양극 재료, 음극 재료, 분리막 등 전지의 재료 시장도 확대될 것이다. 대표적으로 양극재에 있어서 세계 시장 점유율 1위인 니치아 화학(日亞化學)은 코발트를 사용한 양극재를 만들어 온 대기업이다. 1993년에는 청색 발광다이오드를 제품화해 유명해졌지만 1996년부터 배터리의 재료를 제조하기 시작했다. 차량용 리튬 이온 배터리 소재인 코발트, 니켈, 망간 양극재도 제조하고 있다.

또한 스미토모금속광산이란 기업은 2017년 7월, 전지용 양극 재료인 니켈산 리튬의 생산 설비를 늘려 많은 투자를 받고 있다. 이 재료는 파나소닉과 공동 개발한 것으로 테슬라의 EV에 거의 독점적으로 공급하고 있다.

음극 재료 업체도 증산에 들어갔다. 음극 재료로는 그라파이트(합성흑연) 등 탄소계 재료가 일반적으로 사용되고 있으며 히타치카세이는 세계 시장 점유율 30 %로 1위를 차지하며, 닛산 '리프' 등 많은 EV의 배터리에 사용되고 있다. 히타치카세이는 향후 5년간 1000억 원을 투자해 음극재의 생산 능력을 4배로 확장하고 있다. 주류였던 흑연계 외 대용량 전지에 적합한 실리콘계 등의 연구 개발에도 주력하고 있다.

도시바는 음극재로 티탄산 리튬(LTO)을 채용한 리튬 이온 2차 전지 'SCiB'를 개발 중에 있다. 안전성이 높고, 신속한 충전과 방전이 가능하다는 특성이 있다.

분리막에서는 아사히카세이가 세계 시장 점유율 1위이며 2017년 3월에 생산량을 늘리기로 했다. 고체 전지가 실용화되면 분리막은 불필요하게 되겠지만, 실용화까지는 아직 더 시간이 필요할 것으로 보고 있다.

그림 전지 부품에서 앞선 일본, 소재 업체에게는 큰 기회

리튬 이온 전지		
양극재	니치아 화학	● 세계 시장 점유율 1위 ● 코발트계, 삼원계(차량용)
	스미토모금속광산	● 니켈산 리튬(파나소닉과 공동 개발, 테슬라에서 채용)
음극재	히타치카세이	● 세계 시장 점유율 1위(30 %) ● 닛산 리프 등에 사용
	도시바	● 티탄산 리튬(LTO), 충 · 방전이 빠르고 안전성이 높다
분리막	아사히카세이	● 세계 시장 점유율 1위 ● 고체 전지에서는 불필요
고체 전지	일본특수도업	● '실용화 시기는 토요타에 맞춰서'

(출처) 저자 작성

46

모터를 둘러싼 수주 전쟁

일본전산의 EV 참여

EV용 모터 분야에서도 움직임이 활발해지고 있다. 일본 최초의 양산 EV인 미쓰비시 'i-MiEV'는 메이덴샤의 모터를 사용했지만 닛산, 토요타, 혼다는 EV나 HEV용 자체 제작 모터를 사용하였다.

이후 혼다는 히타치 오토모티브 시스템즈와 함께 모터회사 '히타치 오토모티브 전동기 시스템즈'라는 합자회사를 설립했다고 발표했다. 2019년도에 모터 양산을 목표로 하고 있으며 지분은 히타치 오토모티브가 51 %, 혼다가 49 %를 차지하고 있다.

현재 혼다는 '어코드', '오딧세이', '피트', '레전드' 등 11개 차종에 HEV를 적용하고 있다. 여기에 적용된 모터는 자체 제작한 것뿐 아니라 새로 설립한 합자회사로부터도 공급을 받고 있어 보다 다양한 차종으로 대응이 가능하게 되었다.

일본전산은 컴퓨터용 HDD 등 소형 모터 분야에서 세계적인 기업이지만 EV용 모터에 있어서는 실적이 전무인 상태였다. 그러나 2017년 9월, EV와 PHEV용 구동 모터 시스템(모터, 감속 기어, 인버터)을 개발하면서 EV 모터 분야로 진출을 시작하였다. 출력은 40~150 kW로 폭넓은 출력대의 모터를 생산하고 있다. 미쓰비시 'i-MiEV'의 최대 출력은 47 kW, '리프'는 110 kW, GM의 '볼트 EV'가 150 kW이므로 작은 사이즈부터 콤팩트 차량까지 적용 가능하다.

세계적으로 EV화의 변화에 위기감을 가지는 업체는 자동 변속기(AT) 분야일 것이다. 자동 변속기 분야에서 대표적 기업인 아이신 AW는 그동안 HEV용 구동 유닛에 관여하긴 하였으나 향후 EV용 구동 유닛을

2020년까지 상품화하기 위한 조직 개편을 본격화한다고 밝혔다.

모터의 수요가 늘어나면 필요한 부품의 수요도 늘어나게 된다. 미쓰이하이테크는 2017년 9월 모터코어의 수요 증가에 대응하기 위해 기후현 가니시에 공장을 신설한다고 발표했다.

그림 모터도 외주 시대로

도쿄 모터쇼 2017에 출시한 히타치 오토모티브 시스템즈

(출처) 저자 작성

모터 기업 일본전산의 EV 진출

2019년에 생산 개시 예정

일본전산은 모터와 같이 회전, 구동하는 기술에 있어서 세계 제일을 목표로 하는 기업이다. 세계 시장 점유율 80 %에 달하는 HDD용 모터나 '고효율 · 긴 수명 · 저소음'의 브러시리스 DC 모터 중심으로 사업을 전개해, 실제로 많은 분야에서 세계적인 기업으로 자리매김하고 있다.

그러나 의외로 EV와는 관련성이 적다. 지금까지 중국에서 보급되고 있는 '저속 전동차' 등의 구동 모터는 일부 다루어 봤지만, 본격적으로 EV나 PHEV 전용 모터는 취급해 오지 않았다. 이러한 일본전산이 드디어 EV용 모터 개발과 생산에 팔을 걷고 나선 것이다.

2017년 9월, 일본전산은 EV 및 PHEV용 구동 모터(일본전산에서는 '트랙션 모터'라고 부름), 기어박스, 인버터를 포함한 '트랙션 모터시스템(E-Axle)'을 신규 개발했다고 발표했다. 생산개시는 2019년부터이다.

특히 주목하는 부분은 일본전산이 만드는 모터는 저비용 고성능인 SR모터(switched reluctance motor)라는 것이다. SR모터는 코일에 의해 만들어지는 자계가 회전자를 끌어당기는 힘에 의해 회전하는 모터이다.

영구자석을 사용하지 않고 철심만으로 구성된 회전자가 있어 구조는 간단하며 고속 회전과 고출력에 적합하다. 또한 자원이 제한적인 희토류를 사용하지 않는다는 점에서도 기대되는 모터라고 할 수 있다.

지금까지는 소음, 진동이 발생하거나 저속 회전 시에 토크 변동이 크다는 단점 때문에 보급이 늦어지고 있지만 최근에 제어 기술이 발전함에 따라 이러한 단점들이 극복되면서 많이 보급되기 시작하였다. 이러한

SR모터는 EV의 신기술이 될 것으로 기대가 되고 있다.

그림 차량용 모터 진출에 만전을 다하는 일본전산

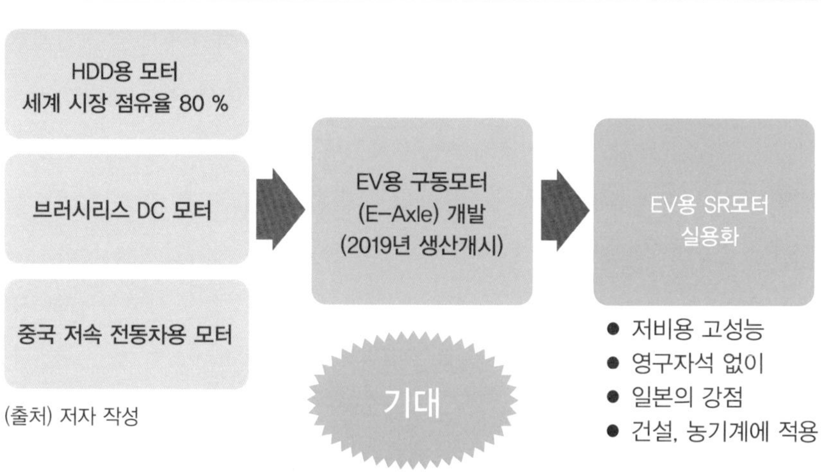

(출처) 저자 작성

나가모리 시게노부 일본전산 회장 겸 사장

48

반도체, 센서기술로 주목받는 일본 기업

중국 내 EV용 반도체를 확대하는 르네사스

2017년 4월, 반도체 기업인 르네사스 일렉트로닉스에서 주최한 DevCon 2017에서 스즈키 '짐니'를 개조한 EV를 선보였다. 여기에서 르네사스는 EV 차량이 아닌 EV, HEV용 '100 kW급 인버터 · 솔루션'을 개발하였는데, 이 제품의 특징은 세계 초소형급(3.9 L)의 크기를 자랑한다는 것이다. 트랜지스터 내에 온도센서를 내장하여 정밀한 온도관리를 통해 정밀도를 높였고 소형 · 경량화에도 성공하였다. 또한 모터와 제어장치를 통합시켜 제어기도 간소화했다. 게다가 인버터 내에서의 에너지 손실도 기존과 비교해서 10 %나 개선시켰다고 한다.

르네사스는 이와 같이 마이크로컴퓨터와 파워반도체에 의한 고정밀, 고효율 제어기술을 자랑한다. 이 기술을 활용해 중국에서 EV용 반도체를 확대 판매할 목적으로 이미 현지의 자동차 업체로부터의 수주를 받아내기도 했다.

인버터용 파워반도체를 새롭게 개발하는 기업도 있다. 덴소가 주력하는 것은 SiC(실리콘 카바이드, 탄화규소) 파워반도체이다. SiC는 기존의 Si(실리콘)에 비해 전력 손실을 크게 줄일 수 있다는 것이 강점이다. 현재의 Si 파워반도체를 사용한 인버터의 전력 효율이 85~90 %라고 하면, SiC 파워 반도체를 사용하면 95~97 %로 향상된다. SiC제 파워 장치가 널리 사용되면 EV의 주행거리는 향상될 것으로 기대된다.

이러한 SiC 파워반도체의 선두 기업이 '롬'이다. 이전에 이미 실용화되어 세계 EV용 충전기와 DC/DC 컨버터, 그리고 급속 충전기 등에 폭넓게 사용되고 있다. 또한 SiC 파워반도체는 EV 포뮬러용 인버터에도 사용된 바 있다.

그림 세계 최소급의 인버터와 EV 모터를 탑재한 르네사스의 '짐니 EV'

(출처) 저자 촬영(DevCon 2017)

49 소재 · 차체 구조로 주목받는 기업

자동차의 상식을 뒤엎다

EV화로 인해 차체의 구조도 변화하고 있다. 혼다는 2017 도쿄 모터쇼에서 'Honda家 Mobi Concept'를 발표하였다. 주차 중에는 2평 정도의 공간이 집의 일부로 활용될 수 있으며, 외출 시에는 그대로 자동차로 활용할 수 있게 하였다. 배출가스 제로에 소음도 없는 조용한 EV이기에 가능한 발상이다.

2016년 5월 20일, rimOnO(리모노, 도쿄도 주오구)는 2인승 초소형 EV를 출시하였는데 차체에 천이나 부드러운 쿠션 소재를 사용하여 자동차의 상식을 뒤집는 시도로 평가받았다. 차체의 부드러운 발포 우레탄은 미쓰이 화학으로부터 제공을 받았다고 한다. 미쓰이 화학은 자동차용 소재 분야에서는 알려진 기업이지만 급변하는 자동차 산업에서 위기감을 느끼고 소재기업으로 새로운 창의적인 소재를 시도해보았다고 한다.

'리모노'의 외장에 사용한 방수성 천은 테이진사의 텐트용 소재를 이용하였다. 테이진사는 기능성 복합재료를 미래의 주력 사업으로 평가하고 있으며, 특히 자동차 용도로 활용할 계획을 서두르고 있다. 2017년 1월, 미국의 자동차용 부품 성형 업체인 콘티넨탈 스트럭처 플라스틱스(CSP)사를 인수하기도 하였다.

CSP는 유리 섬유 강화 플라스틱(FRP, 유리 섬유와 수지 등을 섞은 복합재료)의 성형 · 가공을 주력으로 하여 자동차 후드나 펜더와 같은 차체의 부품을 제조하고 있다. 이번 인수를 통해 테이진은 자동차 차체 부품에 적합한 FRP(유리 섬유 강화 플라스틱) 분야에 본격적으로 진출함과 동시에 CSP의 판로와 성형 기술을 활용해, CFRP(탄소섬유 복합재)를 자동차 업계에 공급하려 하고 있다.

탄소섬유를 사용한 복합 재료는 항공기의 동체 · 날개 등에 사용되고 있지만 가장 주목받고 있는 분야가 자동차이다. 테이진은 이들 두 회사의 기술을 결합함으로써 차체의 경량화에 부응해 나갈 방침이며, 미국 내에 탄소섬유 공장도 건설할 예정이다.

그림 변하는 상식, 변하는 차체 구조와 소재

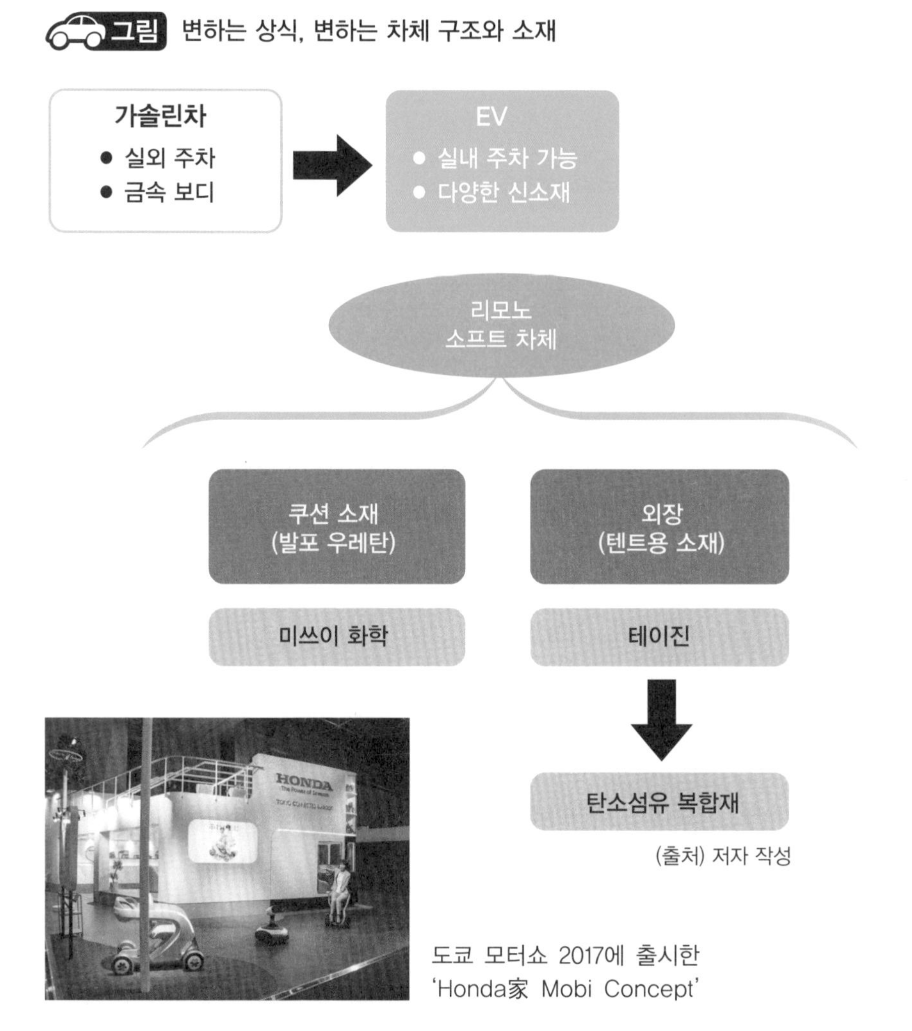

(출처) 저자 작성

도쿄 모터쇼 2017에 출시한
'Honda家 Mobi Concept'

50

지도 · 자율주행 관련

일본의 첫 자율주행 시스템 ZMP

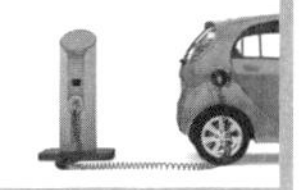

EV화와 함께 가속되고 있는 분야가 자율주행차이다. 일본에서도 이러한 도전을 하고 있는 벤처기업이 있는데 자율주행과 로봇을 연구 · 개발하는 ZMP라는 기업이다. 2017년 10월, 일본정부가 추진하는 '전략적 이노베이션 창조 프로그램(SIP)' 중에서 자율주행 분야에 대규모 실증실험을 한다고 발표했다.

ZMP는 자율주행 택시 서비스를 목표로, 2014년부터 일반도로에서 자율주행 실증 실험을 시작했다. 2017년 6월에는 '히노마루 교통'과 배차 앱 개발 협업을 진행하고 있으며, 실증 실험에 사용되는 'RoboCar MiniVan'은 하이브리드 미니밴을 대상 차량으로 하고 있다.

ZMP는 또한 모리빌딩과 공동으로 일본 최초의 자동주행 택배로봇 '캐리로 딜리버리'의 실증주행시험을 2017년 10월부터 시작했다. 택배박스를 설치하고 레이저 센서와 카메라로 주위 환경을 360도 인식하면서 최대 시속 6 km로 주행하여 택배를 목적지까지 운송한다.

자율주행에 필요한 고성능 카메라와 센서에 있어서는 소니, 켄우드, 클라리온 등이 참가하고 있다. 그중 클라리온은 닛산 자동차의 신형 '리프'용 자율 주차 ECU(Electronic Control Unit)를 공급하고 있다. 이 ECU는 클라리온이 닛산과 오랫동안 공동 개발해 온 어라운드 뷰 모니터링 기술을 기반으로 하고 있다.

카메라, 센서와 함께 중요한 것이 고정밀지도이다. 지도 제작사인 '젠린'이라는 기업은 '레이저 계측 차량'으로 전국 고속도로를 달리며 2020년까지 자율주행용 지도를 완성할 예정이다. 이를 위해 고속도로와 주변에 존재하는 모든 설치물 등과 자동차와의 거리를 수 cm 이내의 정밀도로 계측하고 있으며 이러한 데이터를 입체 지도에 반영하여 지도의 질을 높이고 있다.

그림 자율주행도 가속

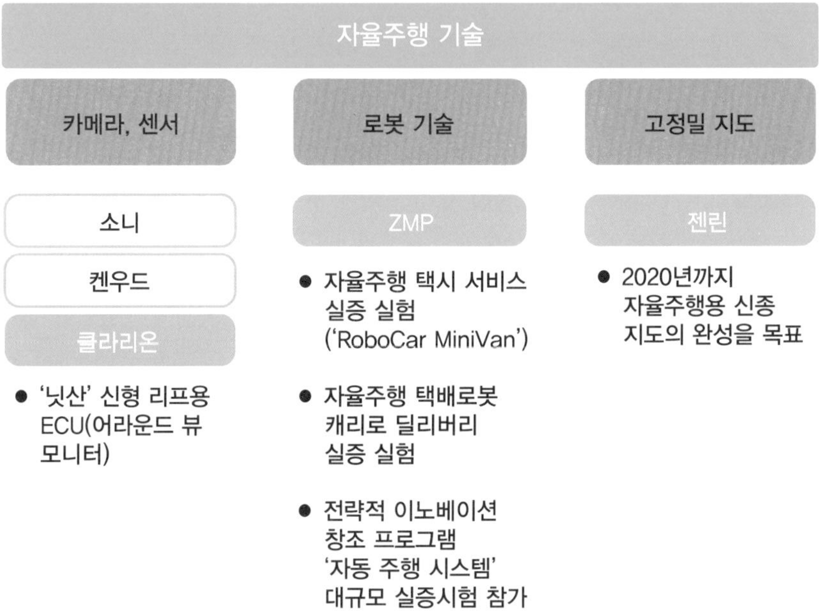

자율주행 기술

카메라, 센서	로봇 기술	고정밀 지도
소니 켄우드 클라리온	ZMP	젠린
• '닛산' 신형 리프용 ECU(어라운드 뷰 모니터)	• 자율주행 택시 서비스 실증 실험 ('RoboCar MiniVan') • 자율주행 택배로봇 캐리로 딜리버리 실증 실험 • 전략적 이노베이션 창조 프로그램 '자동 주행 시스템' 대규모 실증시험 참가	• 2020년까지 자율주행용 신종 지도의 완성을 목표

(출처) 저자 작성

51

EV용 충전소 업계

충전 시간을 5분 이하로

EV의 단점 중 하나인 짧은 주행거리 문제는 어느 정도 해결이 되었다고 볼 수 있을 것이다. 현재 주행거리는 250~500 km(실측값)로 충분히 실용적인 수준이라고 할 수 있다. 남은 문제는 충전 시간이다.

현재 일반적으로 사용하는 완속 충전기는 일본 내에 2만 1000대, 급속 충전기는 7000대로 총 2만 8000대가 설치되어 있다. 급속 충전기는 2017년 7월 말 닛산 판매 점포에 1760대, NCS(일본 충전 서비스)에 3770대 이상 설치되었다. NCS는 토요타, 닛산, 혼다, 미쓰비시 4사에서 설립한 회사이다.

충전기 업체로는 하세텍, NEC, 토요타자동직기 등이 있지만, 주목할 만한 곳이 JFE 테크노스라는 기업이다. 이 회사가 상품화한 'Super RAPIDAS'라고 하는 '초급속 충전기'는 2011년 9월, 일반 EV 차량을 개조해서 8분 만에 배터리 용량의 80 %(3분에 50 %)를 충전하는 실증시험에 성공했다.

아쉽게도 'Super RAPIDAS'의 보급은 이루어지지 않았지만 2017년에 충전 시간을 기존의 1/3로 줄일 수 있는 신형 충전기가 등장했다. 2017년 4월, 급속 충전기의 국제 규격 마련을 추진하고 있는 일본의 '차데모(CHAdeMO) 협의회'가 신형 충전기를 공개하였다. 최대 출력은 150 kW로 현재 출력의 3배이다. 기본 30분 정도 걸리던 충전이 불과 10분 정도로 가능해졌다.

이어 2020년까지 최대 출력을 현재 50 kW의 7배에 해당하는 350 kW까지 끌어올린다는 계획이다. 실현된다면 충전 시간은 5분 이하로 단축될 수 있어 EV 보급이 수월해질 전망이다.

현재 EV 충전기의 규격은 전 세계적으로 네 종류가 있다. 일본의 차데모, 유럽의 '콤보(COMBO)', 테슬라의 독자규격 그리고 중국의 'GB/T'이다. 현재는 차데모가 1위이지만 세계 각국이 표준을 노리고 있기 때문에 중국 규격과의 호환성을 실현하려 하고 있다.

그림 충전 시간의 단축

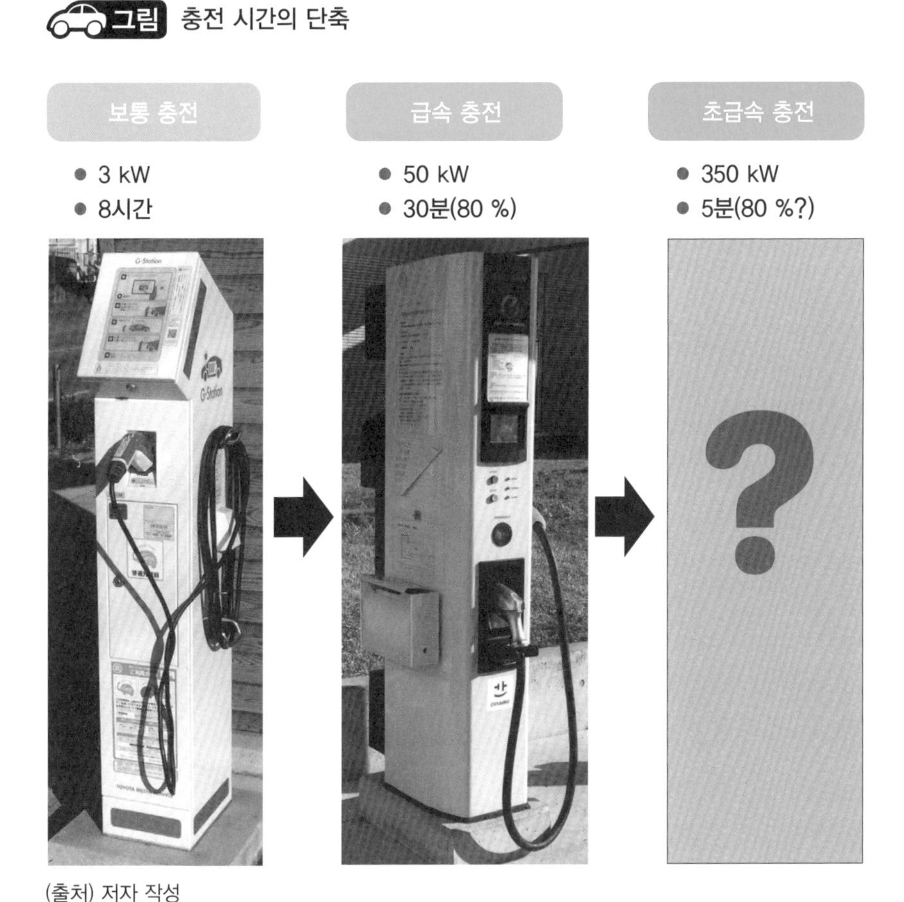

(출처) 저자 작성

52 새로운 충전 방식의 탄생

충전 주차장 등 새로운 대처

EV가 일반화된 노르웨이에서는 민관 협업해서 충전 설비를 늘려가고 있다. 아파트나 쇼핑센터 주차장에 충전기를 설치하고자 할 때 정부 또는 시에서 보조금을 지원해 주기도 하고, 시에서 설치한 충전소를 무료로 이용하도록 하고 있다.

2016년 9월, 당시 세계 최대의 급속 충전소가 노르웨이 네베네스(수도 오슬로에서 동북쪽으로 약 64 km에 위치)라는 도시에 설치되었다. 이 충전소는 28대의 EV가 동시에 급속 충전이 가능한 규모이다. 설치된 28대의 급속 충전기 중 테슬라용 슈퍼 충전기가 무려 20대를 차지한다.

중국의 충전 인프라 확대도 쉬운 일이 아니다. 2017년 8월, 베이징시 중심부에 있는 입체 주차장 옥상에 충전기 100대를 갖춘 거대 충전소가 설치되었다.

또한 중국의 전력 회사인 '국가전망'은 2017년 1월, 2020년까지 충전소 1만 곳에 충전기를 총 12만 대 설치한다는 계획을 발표하였다. 베이징, 상하이, 항저우 등 대도시에서는 반경 1 km 이내에서 급속 충전이 가능한 충전망을 설치한다고 하니, 도심 내에서는 배터리 방전에 대한 걱정은 필요 없어 보인다.

EV 업체들도 충전기 확충에 주력하고 있다. 일본의 4개 업체에서 출자한 NCS(일본 충전 서비스)에서는 급속 충전기 3000대 이상을 설치했다. 테슬라도 슈퍼차저 확충을 적극 추진하여 2017년 초에는 세계에 약 5000대였던 슈퍼차저를 연말까지 2배인 1만 대까지 늘릴 계획을 발표하였다.

충전 인프라의 정비 필요성

노르웨이

오슬로 교외

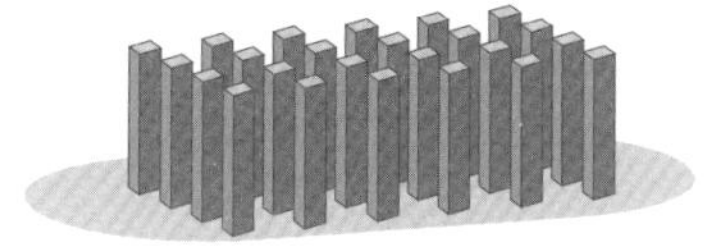

급속 충전기 28대

중국

베이징 입체 주차장

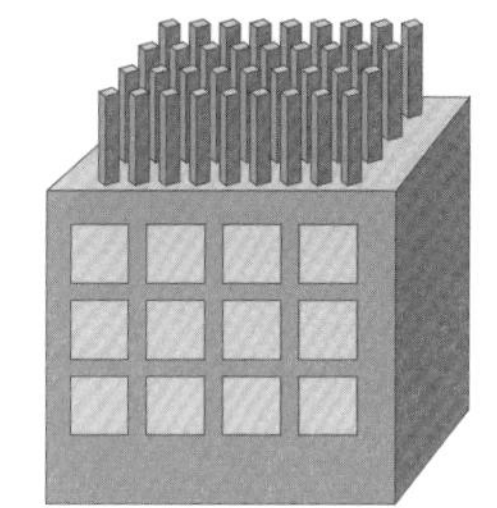

급속 충전기 100대

중국 전력회사 '국가전망'
2020년까지 12만 대

일본

'차데모' 급속 충전기

- 세계에 1만 4000대
  (일본 국내에 약 절반)
- 테슬라는 '어댑터'로 대응

(출처) 저자 작성

53

태양광 발전+배터리+EV

태양광을 활용한 '진정한 에코카'

EV의 성능을 좌우하는 것은 배터리이다. 또한 EV를 '진정한 의미의 에코카'로서 자리매김하기 위해서는 태양광 등 신재생에너지로부터 전력을 얻어야 한다.

한편, 태양광에 의한 전기를 안정적으로 만들고 사용하기 위해서는 배터리가 필요하다. 이때 주차 중인 EV의 배터리를 활용할 수 있다면 EV와 태양광 발전을 병용함으로써 활용도를 더 높일 수 있을 것이다.

테슬라는 EV, 태양광 발전, 축전지를 모두 제작 판매하고 있다. 테슬라는 EV의 배터리 기술을 응용한 고정형 축전지 시스템 '파워월'을 생산해 왔지만, 최근에는 메가솔라 전용의 '파워팩'도 생산하고 있다. 게다가 2016년에 솔라시티를 합병해 태양광 발전 사업에도 참여하고 있다.

일본에서는 EV, 태양광 발전, 축전지를 모두 갖추고 있는 기업은 없지만, 닛산이 EV용 배터리를 가정용으로 활용하기 위한 노력을 하고 있다. 2015년에 '리프'로부터 일반 주택에 전력을 공급하는 시스템 'LEAF to Home'의 판매를 개시하였다. 이 시스템은 리프와 니콘이 개발한 'EV 파워 스테이션'으로 구성되어 있으며 후지사와시에 있는 에코 타운 'Fujisawa ST'에서 사용되고 있다.

이 시스템 본래의 목적은 야간의 저렴한 전력을 리프에 충전해 두고, 그 전력을 낮에 가정용 전원으로서 활용하기 위한 것이다(전력소비 피크 전환). 또한 지진 등 비상시에 보조 전원으로서 활용할 수 있을 뿐 아니라 태양광 발전과도 병행하면 효율적으로 사용할 수 있다.

예를 들면 주간 태양광 발전을 사용해 '리프'의 배터리에 충전해 두고,

야간에 그 전력을 가정에서 사용하는 방식이다(태양광 발전의 자급자족). 현재는 태양광 발전에 의한 전력 가격이 높기 때문에 자택에서 사용하고 남은 만큼은 '리프'의 전지를 충전하는 것보다 전력회사에 파는 편이 이득이다. 그러나 미래에 그 가격이 저렴해지는 시점이 되면 본래의 목적대로 사용하게 될 것이다.

그림 태양광 발전과 결합한 EV 충전 시스템

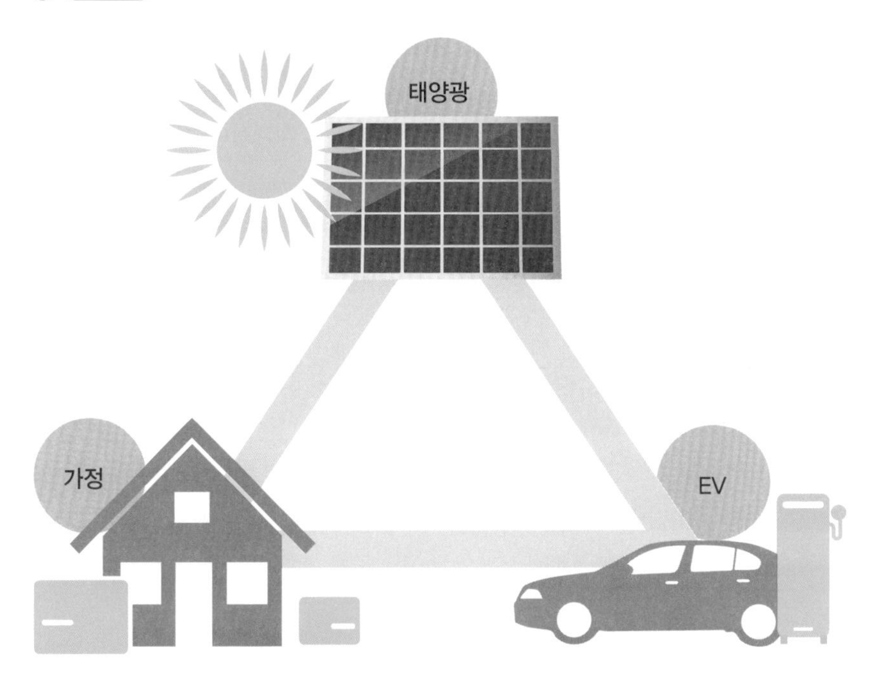

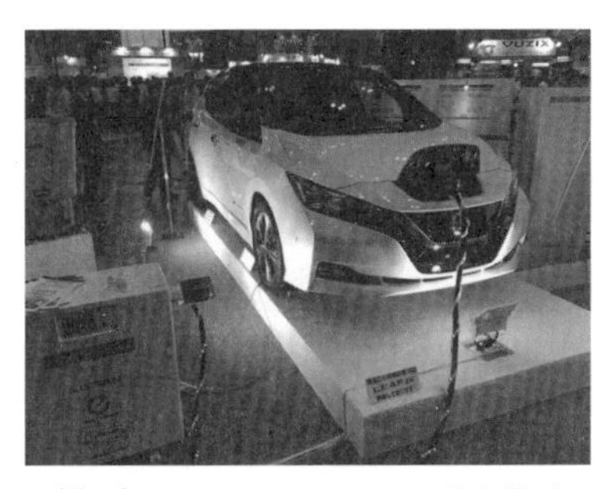

(출처) CEATEC JAPAN 2017에서 촬영

COLUMN

EV의 '혈액' 리튬, 물보다 가벼운 금속을 둘러싼 경쟁

EV의 성능을 좌우하는 것은 배터리인데, 그 배터리의 혈액이라고 할 수 있는 물질이 리튬이다. 여기에서 자원으로서의 리튬을 생각해 보면 최근에 수요 증가로 인해 2006~2016년 사이에 가격은 약 3배로 급등하였다.

리튬(Li)은 원자번호 3, 주기율표에서 가장 왼쪽 열, 수소(H) 바로 아래에 위치해 있다. 금속이지만 수소, 헬륨(He)에 이어 세 번째로 가벼운 원소이며 비중이 0.534이므로 물보다 가볍다.

현재 주요 생산국은 칠레, 오스트레일리아, 아르헨티나, 중국 등에 분포해 있다. 그중 칠레, 아르헨티나, 볼리비아의 남미3국은 리튬 트라이앵글로 불릴 만큼 리튬의 주요 생산지이다. 볼리비아는 세계 최대의 리튬 보유국으로, 우유니 소금호수에 많이 있지만 정치적인 문제로 사업화에는 이르지 못했다.

우유니 소금호수는 멋진 관광지로도 유명한데, 이 지역의 주요 산업은 관광과 소금 생산이다. 해발 3700 m의 산 위에 거대한 소금호수가 생긴 것은 안데스 산맥이 지각 변동에 의해 융기했을 때 엄청난 양의 바닷물이 산 위의 구덩이에 남겨졌고, 이후 물이 증발하면서 소금만 남게 된 것이다.

배터리 관계자에게 있어서 이 소금과 함께 추출되는 리튬 자원(탄산 리튬)은 중요한 소재이므로 여러 나라에서 우유니 소금호수에서의 리튬 공동 개발을 볼리비아 정부에 제안했다. 그러나 볼리비아 정부와 외국의 공동 개발 협상은 크게 진척되지 않은 것으로 알려졌다.

우리나라도 리튬 자원의 100 %를 수입에 의존하고 있는 가운데 칠레에서 들여오는 양이 상당수를 차지한다. 칠레는 우유니 소금호수에 버금가는 큰 아타카마 소금호수가 있는데 이곳도 해발 2000 m 이상의 건조 지대이다.

차세대 배터리로서 현재 개발되고 있는 고체 전지도 주목받고 있지만, 이것도 리튬이온 배터리의 일종으로, 전해질이 액체에서 고체로 바뀔 뿐 기본적으로는 유사하다. 따라서 고체 전지의 시대가 된다 하더라도 리튬 자원의 수요가 줄어드는 것은 아니다.

제8장

중소기업에게 기회가 될 수 있는 EV 혁명

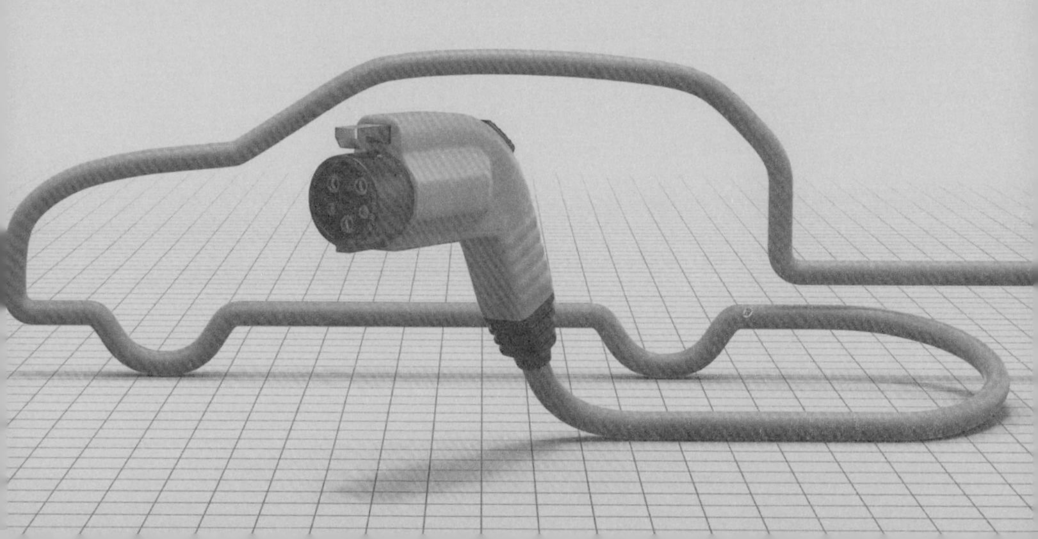

54 EV 벤처들, 거인들과 악수

독일 보쉬와 제휴한 GLM

EV 시장이 커질 것에 대비해 새롭고 혁신적인 EV 벤처기업이 계속 생겨나고 있다. 고성능 EV 제조업체인 GLM은 2006년 교토 대학 VBL(벤처비즈니스랩)로 발족해, 2010년 4월에 그린로드 모터스 주식회사로 창업하게 된다. 2014년 3월에 회사명을 GLM 주식회사로 변경했다.

2006년에는 EV 차량 '토미카이라 ZZ'의 양산을 개시하였고 2016년 파리 모터쇼에서는 차세대 고급 EV 스포츠카 'G4'를 공개하기도 하였다. 이후 2017년 4월에는 일본 내에서도 이 차량을 전시한 뒤 2019년에 시판할 예정이다.

GLM은 대기업과의 제휴를 추진하고 있다. 야스카와전기와 모터 · 인버터, 테이진과 수지소재 유리, 아사히카세이와 SUV(스포츠 다목적차) 시작차의 공동 개발을 하기로 하였다. 이어 2017년 7월에 보쉬와 공동으로 모터 및 배터리 제어 시스템을 개발하였다.

물에 뜨는 EV를 개발한 FOMM(가나가와현 가와사키시)이라는 벤처기업도 있다. 2017년 10월 31일, 야마다전기는 FOMM과의 자본 업무 제휴를 하고 있다.

FOMM은 2014년 2월에 세계 최소급의 4인승 EV인 FOMM 콘셉트카 One을 개발했다. 수륙양용이며 제트발생장치로 수면에서 이동 가능한 변종의 EV로, 탈착 가능한 카세트식 배터리를 채용하고 있다. 이는 여분의 카세트 배터리를 준비해 두고 사용하던 배터리가 방전이 되면 충전된 새 카세트 배터리로 바로 교환할 수 있다.

배기가스를 발생하지 않고 소음도 작은 EV는 가전제품과 같이 볼 수 있을 것이다. 야마다전기에서는 이 차량을 인터넷 통신판매로도 진행할 예정이다.

GLM의 주요 제휴처

보쉬 엔지니어링(독일)	모터나 배터리를 제어하는 시스템의 공동 개발
ATS(독일)	'커넥티드 카'의 개발
테이진	수지소재 프런트 윈도우의 개발
아사히카세이	SUV 시작차 공동 개발
야스카와전기	모터, 인버터의 개발

(출처) 편집부 작성

고급 스포츠카 'GLM G4'와 GLM의
코마 히로야스 사장(2017년 4월)

FOMM 콘셉트 One [(주)FOMM 제공]

수면을 달릴 수 있는 One [(주)FOMM 제공)]

55

성장 산업의 함정

사라진 EV 업체들

새로운 산업으로 발을 들일 수는 있어도 이것이 비즈니스로서 성공하기란 쉽지 않다. 많은 기업들이 한꺼번에 진출하게 되면 오히려 레드오션으로 되어버려 살아남지 못하는 사태가 속출하게 된다. 일례로 미국에서 사라진 EV 벤처로는 피스커 외에 3륜 EV를 개발한 압테라 모터스, 코다 오토모티브 등이 있다.

일본에서도 상당한 기술력을 보유했지만 결국 사라진 기업이 있는데, 바로 SIM-Drive(심 드라이브)이다. 시미즈 히로시 게이오기주쿠 대학 교수(현 명예 교수)가 2009년 8월에 창립한 회사로 8륜 EV 'Eliica(엘리카)'(2004년)를 만들었다.

SIM-Drive는 기술개발 회사로, 인 휠 모터를 채용한 플랫폼으로 여러 기업들을 모집해 선행 개발로 제작한 것이었다. 회사의 수익은 참가 기업들로부터 받는 참가비와 개발한 기술을 기업에 이전하여 받는 기술료였다.

여러 차례의 개발을 통하여 많은 회사들의 참여를 유도하였고 이로부터 기술적 성과를 많이 올렸다. 그러나 2013년 3월, 창업자인 시미즈가 퇴임하면서 결국 2017년 6월에 문을 닫고 말았다.

프로젝트를 통해서 얻은 많은 성과는 향후 참여 기업에 활용되기도 하였다. 이후 시미즈 씨는 2013년 9월에 주식회사 e-Gle를 새로 설립하기도 하였다.

나노 옵토닉스에너지라는 기업은 2012년 돗토리현으로부터 약 30억 원의 지원을 받아 요나고시에 공장을 설립했다. EV 제조를 목표로

"2016년까지 800명의 고용창출과 매상 1조 원을 목표로 한다."라고 했지만, 개발 지연 등으로 인해 EV를 단념하게 된다. 2013년에 전동 휠체어 '유니모' 제조로 부활을 시도했지만 실적은 회복되지 않았고, 2015년 12월에 새로운 회사 유니모로 다시 일어서려 했지만 창업자 후지와라 히로시의 은퇴로 결국 폐업하였다.

그림 사라진 EV 벤처기업들

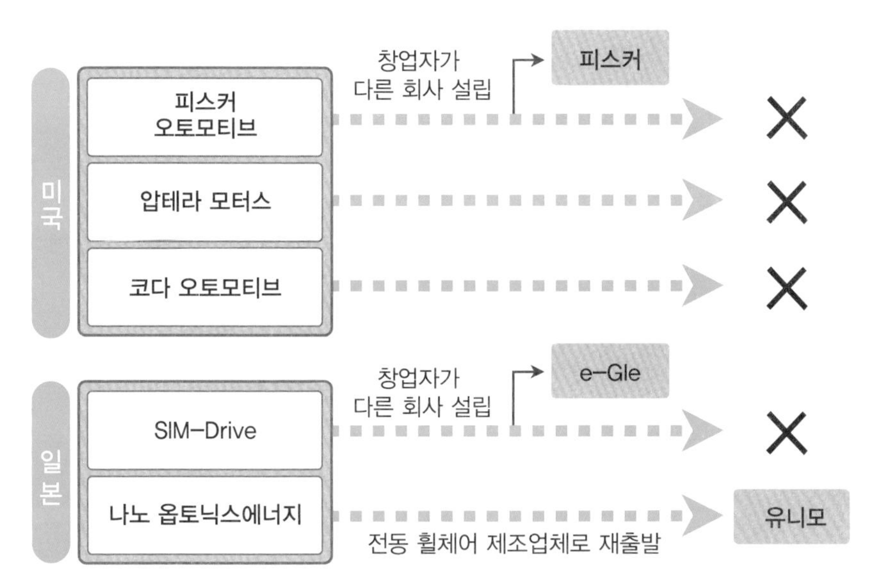

(출처) 저자 작성

파산한 피스커 오토모티브의 '카르마'
(2009년 9월, 교도)

56 미국의 small 100

제2의 테슬라 기업들

테슬라의 회사명은 교류를 발명한 니콜라 테슬라로부터 따온 것으로, 동일 인물로부터 유래한 또 하나의 EV 벤처가 있다. 바로 니콜라 모터(Nikola Motor)라는 기업이다.

니콜라는 지금까지 'Nikola One' 등의 EV 트럭을 제작 발표하였으며, 2017년 9월에는 보쉬와 공동으로 최초의 수소연료전지 트럭을 개발한다고 발표하였다. 2021년에 니콜라에서 판매 예정인 신형 트럭의 파워 트레인은 보쉬의 'eAxle'를 탑재하였다.

현재 주목받고 있는 또 하나의 EV 벤처기업은 루시드 모터스(Lucid Motors)로, 캘리포니아주 멘로파크시에 본사를 두고 있다. 2007년에 회사(당시 사명은 아티바: Atieva)를 창립한 것은 전 테슬라 간부들로, 중국의 Tsing Capital 등이 출자하고 있다. 2018년에는 고급 EV 세단을, 향후에는 고급 크로스 오버 차량을 출시하겠다고 하니 테슬라의 뒤를 이을 기업이라고 할 수 있다.

한때 주목을 끌면서 그 후 사라진 벤처기업도 적지 않다. 그중 하나가 피스커 오토모티브라는 기업이다. 테슬라의 경쟁관계로 지목되기도 하였으며 2011년에 시리즈 방식의 PHEV '카르마'를 판매하기 시작했다. 이 차량은 닛산 'e-POWER'의 배터리 용량을 늘리고 외부에서 충전하는 방식이다.

그러나 배터리 업체인 A123 시스템즈의 파산으로 '카르마'의 생산은 중단되고 결국 회사는 2013년 11월에 문을 닫게 된다. 창립자인 피스커는 2016년 10월에 새로 피스커(Fisker, Inc.)라는 기업을 설립하여 재기를 꾀하고 있다.

그림 실리콘밸리의 경쟁기업들

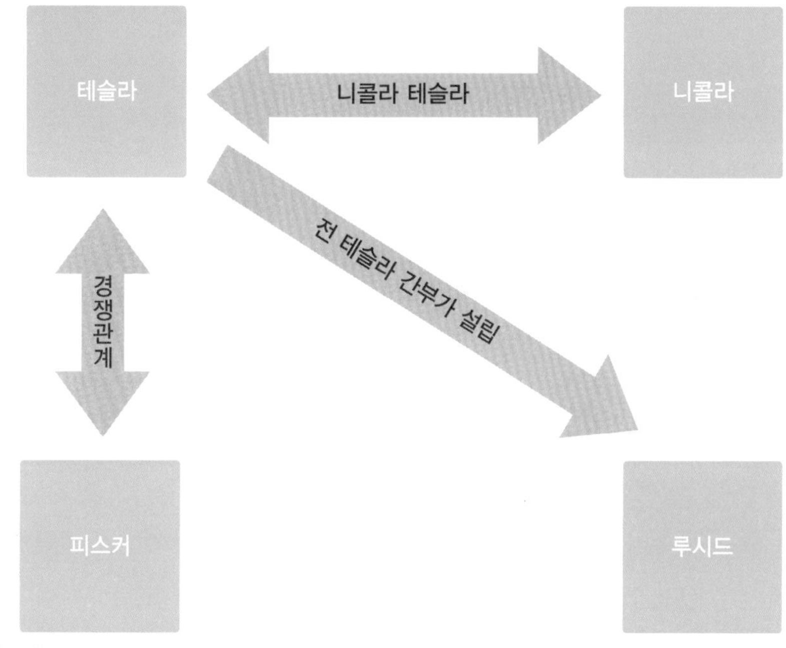

(출처) 저자 작성

57

EV로 환생하는 빈티지카

EV 개조사업의 장래

세계 곳곳에서 신규 EV 벤처기업들이 등장하고 있다. 이 중 주목할 만한 사업은 기존 가솔린 차량에서 엔진과 가솔린 탱크를 탈거하고 대신 모터와 배터리를 장착하는 EV 개조사업이다.

2017년 9월, 닛산이 신형 '리프'의 제원을 발표한 날, '메서슈미트 KR200'을 개조한 EV가 발표되었다. 이 차는 비행기와 같은 차체에 2사이클 엔진을 탑재한 전후 2인용 3륜차(앞쪽 2륜 후방 1륜)였다.

60년 전 독일에서 제작된 이 자동차는 현재로서 부품 조달이 어려웠으나 EV로 개조 기술이 가능하여서 다시 달릴 수 있게 된 것이다. 이 분야에서는 실적이 많은 오즈 코퍼레이션(요코하마시)이 개조를 맡았다. 오즈에서는 빈티지 차량의 개조를 주요 사업으로 하고 있으며 지금까지 '메서슈미트' 외 '이세타'(3륜차)나, 1960년대에 생산된 '닷선 페어레이디'(수출 사양) 등의 빈티지 차량을 EV화해 부활하고 있다.

이러한 오즈가 지금 몰두하고 있는 차량이 폭스바겐의 '비틀'이다. 오즈의 후루카와 사장은 '관심을 끌 만한 차' 또는 '수 천만 원의 가치를 창출할 만한 차' 그리고 앞으로 양산으로 인해 '차량과 부품의 수량을 확보할 수 있는 차'로 결국 '비틀'을 선정하였다고 한다. '비틀'의 총 생산 대수는 약 2153만 대로 4륜차로는 세계 최대이다.

개조된 '비틀 EV'는 2017년 11월에 열린 '일본 EV 페스티벌 2017'에서 선보였다. 이 차에는 중고 닛산 '리프'의 배터리를 활용하였다.

그림 비틀의 EV 개조 (구동부)

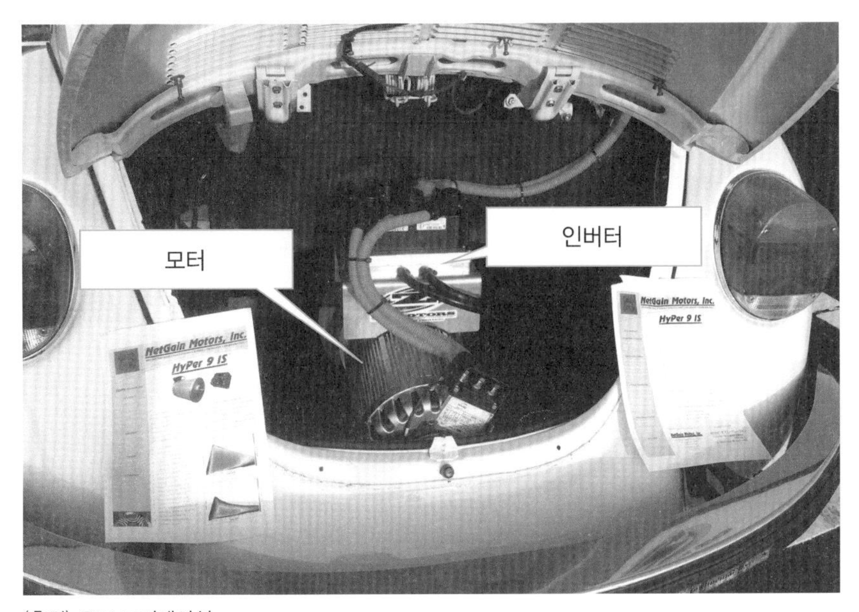

(출처) 오즈 코퍼레이션

전동화된 메서슈미트 'KR200'

요시히사 무라사와 교수가 주목한 컨버트 EV

Small 100은 요시히사 무라사와가 만든 용어이다. 내연기관 시대를 대표하는 빅3는 소수의 대기업이 지배하는 구조인 반면 EV 시대에는 작은 여러 기업들이 경쟁한다는 의미를 내포한다.

요시히사가 이 말을 쓰기 시작한 시기는 2008년경으로 테슬라의 시가총액이 GM을 넘어선 시기였다. 중국의 BYD 오토도 마찬가지이다. 반대로 당시 주목을 많이 받으면서 사라져 버린 기업들도 많았다.

현재 일본에도 신규 진입하는 벤처기업들이 등장하고 있으며, 기존 내연기관 차량에 엔진과 연료탱크를 탈거하고 대신 모터와 배터리를 장착하는 EV 개조 분야도 등장하고 있다.

EV 개조 사업의 이점은 CO_2 저감을 가속화할 수 있다는 것이다. 일본에는 약 7800만 대의 내연기관차가 도로를 달리고 있다. 이에 비해 신차 판매 대수는 500만 대이므로 모든 차량이 EV로 교체된다고 가정하면 적어도 15년 이상 걸린다는 계산이 된다. 그렇기 때문에 기존의 내연기관차를 EV로 개조해 버리는 것이 효과적일 수 있다는 것이다.

일본의 Small 100 후보로는 EV 시대에 수요가 감소할 주유소, 정비업소, 부품업체 등이 있고, 실제로 이들 업계에서 EV 개조를 하고 있는 사례가 나오기 시작했다.

개조 작업은 익숙해지면 1대당 며칠 내에 가능하다. 하루 만에 완성하고 다음날 차량검사 취득을 한 사례도 있다. 한 업체에서 한 해 100대를 개조한다고 하고, 이러한 업체가 전국에 1만 개 있다고 하자. 그러면 연간 100만 대의 EV 개조가 가능한 산업을 일으킬 수 있다. 주유소만 전국에 3만 개가 있다. 현재는 모터나 배터리가 고가여서 쉽지 않지만, 기업 간 제휴에 의한 대량 매입 등에 의해 가격 절감이 가능하다면 불가능한 이야기는 아니다.

제9장

기술력으로 다시 전성기가 올 수 있는가?

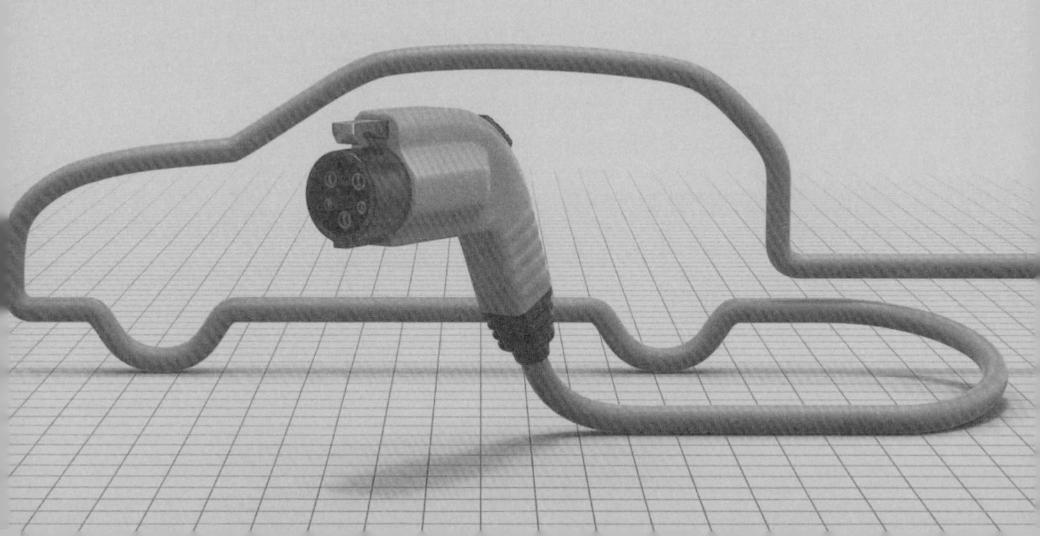

58

전성기가 도래하기 위한 조건

단순하게 생각하기

현재의 자동차 기술 변화는 100년에 한 번 있을 법한 대변혁으로서 이런 시대에서 살아남기 위해서는 몇 가지 조건이 필요하다. 첫 번째로는 단순하게 생각하고 신속히 행동해야 한다. 테슬라의 성공은 혁신적인 기술에 의한 것이 아니다. '로드스터'에서 '모델S', '모델X'까지, 탑재된 모터는 공장 등에서 보통 사용하고 있는 것과 같은 형태인 범용 교류 유도 모터이며, 배터리도 노트북 PC 등에서 사용되는 소형 원통형 범용 배터리를 사용하였다.

단순, 신속이라는 노선을 택한 테슬라는 수천억 원의 자금으로 2003년에 창립한 지 불과 5년 만에 로드스터를 출시했다. 닛산 자동차는 3조 원의 자금을 쏟아 부었지만, 리프의 판매는 테슬라보다 2년 늦은 2010년에서야 시작되었다.

두 번째로는 글로벌한 시각이 필요하다. 태양광 발전에 있어서 일본 기업들은 일본 시장만을 보고 매우 낮은 판매 목표를 세웠었다. 그러나 태양광 발전은 EV와 함께 CO_2 저감이라는 공동의 노력 하에 전 세계적으로 급성장하고 있음에도 일본은 안이한 태도와 투자로 인해 고전하고 있다.

캘리포니아를 비롯해 중국, 프랑스, 영국 등에서 HEV가 에코카 범주에서 제외된다는 것을 일본은 예측하지 못했다. 게다가 현재 국가에서 추진하는 수소사회 정책 등은 세계적으로도 고립화시킬 뿐이다.

세 번째로 일본 기업은 '제조 대국 신화'라는 옛 영화로부터 벗어날 필요가 있다. 태양광 발전에서도 EV에서도, 지금의 중국은 10년 전의 중국과는 전혀 다른 나라가 되었다. 앞으로 인도 등 신흥국가들의 추격이 만만하지 않은 이유이다. 특히 구조가 간단하고 범용 부품의 편성이 중요시되는 EV에서는 일본이 잘하는 '조립'은 별 도움이 되지 않는다. 지금부터라도 제조기술에 대한 과신을 버려야 할 시점이다.

그림 전성기 도래의 조건

단순 & 스피드	• 테슬라: 범용 모터와 범용 전지 • 일본: 첨단 모터 · 하이테크 모터 · 특주전지
글로벌한 시각	• 일본 시장은 세계의 5 % • 외국의 규제동향에 주의
제조업 신화에서 탈피	• 중국 등의 약진(10년 전과 다른 나라) • 일본 제조 능력의 약화

(출처) 저자 작성

59

성공담을 잊어버리자!

토요타는 EV에서도 승자가 될 수 있다!

앞서 서술한 '성공의 삼원칙'은 말 그대로 토요타 자동차에 들어맞는 말이다. 우선 단순화와 스피드이다. 지금까지 토요타의 에코카 노선은 '심플'하지 않은 길을 걸어 왔다. 그 대표적인 사례가 전방위적으로 대응해 온 친환경차 전략이다. 핵심에 자리 잡는 HEV와 FCEV는 구조적으로도 복잡하다. 이제부터는 구조가 단순한 EV 중심으로 가야 한다.

토요타는 의사결정 속도도 개선할 필요가 있다. 테슬라의 머스크, BYD의 왕, 르노 · 닛산 · 미쓰비시 연합의 카리스마 넘치는 경영자들은 신속한 의사결정을 하는 데 비해, 토요타는 경영진에 의한 집단 지도 체제가 EV 참여지연으로 연결되지 않았던가?

이를 만회하기 위해 덴소, 아이신정기, 마쯔다, 스즈키 등을 모두 아우를 수 있는 강력한 리더십이 필요하다. 또한 토요타는 글로벌한 시각을 좀 더 넓힐 필요가 있다. 캘리포니아, 중국, 유럽에서 HEV가 에코카 범주에서 제외된다는 점을 들어 '프리우스'로부터 탈피하지 않으면 안 된다. 또 세계적으로도 관심을 두지 않는 FCEV에 대해서도 친환경차라는 간판을 내려야 한다.

마지막으로 제조 피라미드 체제에서도 벗어날 필요가 있다. EV 시대에는 닛산이 배터리 사업에서 손을 떼고, 혼다가 모터 일부를 외부 업체로부터 공급을 단행한 것처럼 계열이나 그룹에 관계없이 전 세계 어디에서나 최적의 부품을 조달해 사용할 필요가 있다.

토요타가 마음만 먹는다면 제대로 된 EV가 탄생할 것임에 틀림없다. 특히 고체 전지에 거는 기대는 크다고 할 수 있다. 그러나 EV 시대에는

GM, VW, 르노연합 외에 테슬라 BYD 등 많은 중국 기업들과 실리콘밸리의 신흥 기업들과의 치열한 경쟁이 기다리고 있다. 기존 대기업들의 압도적인 지위를 얻기란 쉽지 않을 것이다.

그림 토요타 개혁의 조건

단순 & 스피드	• 전방위 친환경차 전략 파기 • 구조가 간단한 EV • 강력한 리더십을 통한 신속한 의사 결정
글로벌한 시각	• 프리우스, 친환경차에서 제외 • 해외 시장 FCEV 냉담
피라미드 구조에서 탈피	• 그룹 밖에서의 조달 • 그룹 기업 자립화 지원

(출처) 저자 작성

토요타의 시작차 'Concept-愛i RIDE'
(도쿄 모터쇼 2017)

60 EV에 쏠리는 기술과 자본

100년에 한 번 있을 기회를 잡아라

신산업이 일어날 때에는 큰 투자가 이루어지고, 또 많은 신규 참가를 지원하는 자본이 움직인다.

한때 시가총액으로 GM을 웃돌았던 테슬라는 2017년 8월, 새로운 회사채를 발행해 15억 달러의 자금 조달 계획을 발표하였다. 이는 캘리포니아주 프리몬트 공장의 설비개선 등에 충당하기 위함이었다.

교토에 위치한 벤처기업 GLM이 2019년에 양산을 목표로 하는 고급 스포츠카 'G4'는 EV의 거대 시장인 중국을 목표로 하고 있다. 2017년 7월 홍콩의 투자 지주회사 오룩스 홀딩스가 약 1200억 원으로 GLM 주식의 대부분을 취득했다.

중국 자본은 실리콘밸리에서도 분주히 움직이고 있다. EV 벤처 루시드에 출자하고 있는 것은 중국의 인터넷 기업 러스왕이다. 실리콘밸리의 또 다른 회사 패러데이 퓨처에도 출자하고 있다. 러스왕의 창업자이자 회장은 '중국의 잡스'라고도 불리는 자웨팅이다. 자웨팅 회장은 2004년 러스왕을 창립한 뒤 저가 스마트 TV가 큰 성공을 이루면서 급성장하자 TV, 영화, 인터넷 포털사이트, 스포츠 자동차 제조 등 다양한 업계로 잇달아 진출하였다.

그러나 급속한 확장 노선의 그늘에서 자금 융통에 문제가 생겨 차입금 상환이 지체되면서 2016년 11월, 중국 주식시장에서 주가가 폭락하게 된다. 결국 2017년 7월, 자웨팅 회장은 모든 직책을 내려놓게 된다. 큰 기회가 있는 곳에는 언제나 위험도 도사리고 있음을 증명한 것이다.

그림 EV 투자의 흐름: 자금의 움직임에는 국경 불문

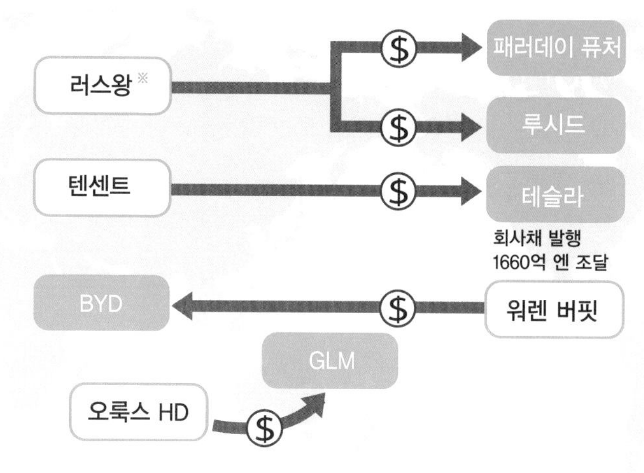

(출처) 저자 작성

'기술에서 이기고 비즈니스로 진다'는 과오의 반복은 그만

EV에도 장 · 단점이 있기 마련이다. 장점으로는 많은 EV 관련 기술에 일본 기술과 기업이 공헌하고 있다는 것이다.

그 대표가 리튬 이온 전지이다. 1960년대에 이미 기본적인 아이디어가 있었지만 실용화가 어려워 1970년대 이후 전 세계의 많은 기업과 연구자들이 개발 경쟁을 벌였다.

리튬 이온 전지의 실용화에 눈을 뜬 것은 일본 기업의 연구자였다. 1983년 아사히카세이 공업의 요시노 아키라 씨 팀은 양극에 리튬을 함유한 코발트산 리튬($LiCoO_2$)을, 음극에 탄소 재료를, 전해질로는 유기 용매를 이용한 2차 전지의 원형을 발명하였고 1985년에는 리튬 이온 2차 전지의 기본 개념을 확립하였다.

1991년 소니에너지텍은 세계 최초로 리튬 이온 전지를 상품화했다. 그 다음으로 1993년에 A&TB 배터리(아사히카세이와 도시바와의 합작회사, 후에 도시바 그룹의 100 % 자회사화)에 의해 상품화되었다. 1994년에는 산요 전기도 상품화에 성공하게 된다.

그러면 단점은 무엇인가? 자동차용 리튬 이온 전지의 국가별 점유율에서 2014년까지는 일본이 1위였지만 2015년에는 중국에 밀리기 시작했다. 이후 중국의 점유율은 60 %를 넘어섰고 일본은 2배 이상 급격한 차이가 벌어졌다.

리튬 이온 배터리를 실용화해, 시장을 이끌어 온 것은 일본이었다. 닛산 자동차에 전지를 공급하는 오토모티브 에너지(AESC)나 테슬라에 공급해온 파나소닉이 생산량을 확대하고 있다. 2015년에도 일본 생산량이 전년 대비 30 % 이상 증가한 반면, 중국 업체들의 생산량은 3배 이상 급성장하면서 일본은 세계 시장 점유율 2위로 추락했다. 기술에서 이기고도 사업에서 지고 있다는 의미이다.

제10장

2030년의 EV 시장 '대비 예측'

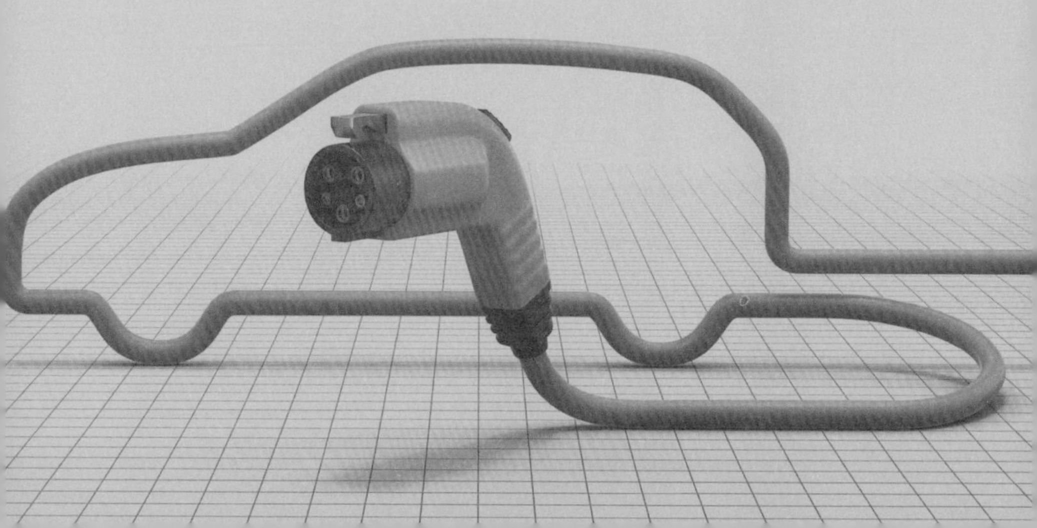

61 종말의 가솔린 왕국, EV 왕국으로

한때의 유행은 아닌

현재 EV화의 움직임은 다소 과장된 부분도 있지만, 흐름 자체는 일시적인 유행이 아닌 지속적인 것이다. 100년에 걸쳐 쌓아온 가솔린 자동차를 앞으로 30년간 EV가 대신할 것이다.

노르웨이는 2025년, 프랑스와 영국은 2040년부터 엔진 차량의 판매를 금지한다고 발표하였다. 그 시점에서도 이전에 판매된 엔진 차량은 거리를 주행하고 있겠지만, 2050년에는 대부분의 차가 EV가 되어 있을 것으로 예상한다.

그 근거로는 2015년 12월에 채택된 '파리 협정'에 "21세기 중반까지 CO_2 등의 온난화 가스 배출을 0으로 한다"라고 하는 목표를 설정했기 때문이다. 내연기관이 금지되면 HEV는 물론 PHEV도 없어진다.

중간 시점인 2030년 즈음은 어떤가? 노르웨이에서는 엔진으로 구동하는 차량의 금지가 2025년이라고 생각하면, 독일 등은 2030년까지는 같은 규제를 실시하는 것은 아닐까?

일본의 경제산업성은 수소사회의 실현을 위해 산학관 프로그램들을 추진하고 있다. FCEV 보급 목표를 2020년까지 누계 4만 대, 2025년까지 20만 대, 2030년까지 80만 대로 정하였는데, 필자는 2025년까지는 이 로드맵 자체가 자체 폐지될 것으로 예상한다. FCEV의 존재감은 거의 없을 것이다. 지금까지 한발 늦었던 토요타, 마쯔다, 스즈키 등 주요 기업들이 EV 전환을 서두르고 있다는 것이다.

일본 최초의 양산형 EV 'i-MiEV'가 판매된 것이 2009년으로, 2050년까지 약 40년간 모든 엔진차를 EV로 대체하기 위해서는 일본도 2030

년부터 2035년경 사이에는 내연기관차를 금지할 필요가 있다.

그림 2050년까지 EV 100 %!

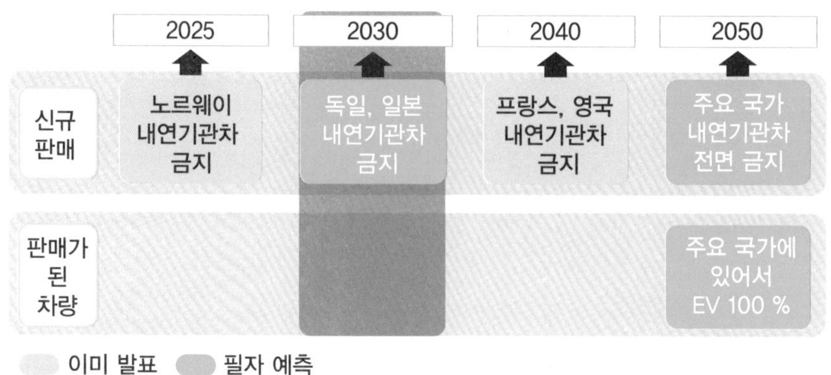

(출처) 저자 작성

62

전기자동차의 새로운 빅3

피스커, 볼보, FOMM

현재의 'EV 빅3'는 테슬라, BYD, 르노 · 닛산 · 미쓰비시 연합사이다. 현재는 이 세 기업이지만 앞으로의 승자가 누가 될지는 아무도 모른다. 중국이나 실리콘밸리를 중심으로 한 신규 이종업계들의 참여가 계속되기 때문이다.

신규로 참여할 재목으로는 재기를 도모하는 미국의 피스커이다. 전 피스커 오토모티브의 창업자였던 헨릭 피스커 씨가 2016년에 창립한 EV 업체로, 2018년 1월에 라스베이거스에서 개최한 가전박람회 CES 2018에서 새로운 콘셉트 EV 'EMotion'을 공개하였다. 일론 머스크 이상의 리더가 될 가능성을 지닌 피스커의 재도전을 기대한다.

대기업에서는 EV에만 올인할 볼보에 주목해 볼 만하다. 볼보는 2017년 7월에 가솔린차의 생산을 단계적으로 폐지해, 2019년 이후에 판매하는 모든 차종을 EV나 HEV로 한다고 발표했다. 탈화석 연료를 선언한 것은 볼보가 대기업 중 처음이다.

EV 제조에 있어서 진입장벽이 낮은 만큼 디자인과 판매력이 승부에 있어서 주요한 열쇠가 된다. 이러한 점에서 가전 판매 기업인 야마다전기와 제휴한 EV 벤처 FOMM은 탁월한 선택을 했다고 본다. 다른 가전 판매점들도 이러한 경쟁에 참여하겠지만 대기업 자동차 업체는 자사의 딜러망이 있기 때문에 제휴할 상대로는 새로 참여하는 조직이 될 것이다.

EV 시대에는 엔진이 없는 차체에 모터와 배터리를 장착하여 EV를 완성시키는 시스템 인테그레이션 업체도 나올 듯 하다. EV 개조도 이러한 분류에 속할 것이다. 또 제조는 다른 기업에 맡기고 자신은 디자인만 하는 디자인 기업도 나올 수 있을 것으로 보인다.

그림 EV 시대의 우승자

초대 빅3	2017년 EV 빅3	향후 주요 기업
GM	테슬라	피스커
포드	BYD	볼보
크라이슬러	르노 · 닛산 · 미쓰비시 연합	FOMM
		그 외

(출처) 저자 작성

63 어디든 주행하는 전기자동차 1

개발 중인 배터리 교환 방식의 EV

EV가 어디든 마음 편히 주행하게 할 방법은 없을까? 가장 기대하고 있는 것은 배터리 교환 방식의 EV이다. EV의 가장 큰 약점 중에 하나가 짧은 주행거리라고 했지만 그 정도라면 테슬라가 이미 해결해 가고 있다.

그런데 EV에는 또 하나의 중대한 약점이 있다. 그것은 충전 시간이 오래 걸린다는 것이다. '리프'의 경우, 가정용 220 V 전원이라면 8시간 '급속 충전기'에서도 30분 정도 걸린다. 가솔린차의 급유 시간이 5분이 채 안 걸린다는 것을 생각하면, '급속'이라고 부르기에는 민망하다.

하지만 전기 충전을 신속히 할 수 있는 또 다른 방법이 있다. 그것은 배터리 교환 방식이다. 이 방식을 과감하게 도입한 기업이 테슬라이다.

2013년 6월 21일, 일론 머스크 CEO는 약 1분 만에 '모델S'의 전지를 교환해 보였다. 이런 방식이라면 충전에 스트레스 받을 일은 없을 것이다.

테슬라는 실제로 배터리 교환 스테이션을 몇 군데 설치해 큰 호응을 얻기도 했지만 동시에 "이러한 것이 보급되기는 쉽지 않겠지"라는 의견도 많았다. 왜냐하면 테슬라 기업 한 곳만으로 한다고 해서 해결될 문제가 아니기 때문이다.

배터리 교환 방식을 보급시키기 위해서는 적어도 두 가지 조건이 만족되어야 한다. 첫째, 배터리가 쉽게 탈부착 가능한 구조가 되어야 한다. 그러나 현재, 테슬라 '모델S' 이외에는 그러한 구조로 되어 있지 않다.

둘째, 각 기업 간에 배터리의 형상이나 성능이 통일되어 있어야 한다. 즉, 건전지와 같은 규격화 · 표준화가 필요한 것이다. 그러나 전지의 표준화에 대해서는 아직 논의조차 시작되지 않았다. 아니나 다를까, 배터리 교환 방식을 도입한 지 2년 뒤에 일론 머스크 CEO는 "운전자가 배터리 교환 방식을 선호하지 않는다"라고 발표해, 실질적으로 이 방식을 중단해 버렸다. 그러나 전지의 표준화와 전지 교환 방식의 보급은 매우 중요한 과제이다.

그림 배터리 교환 방식으로 EV 충전 문제 해결

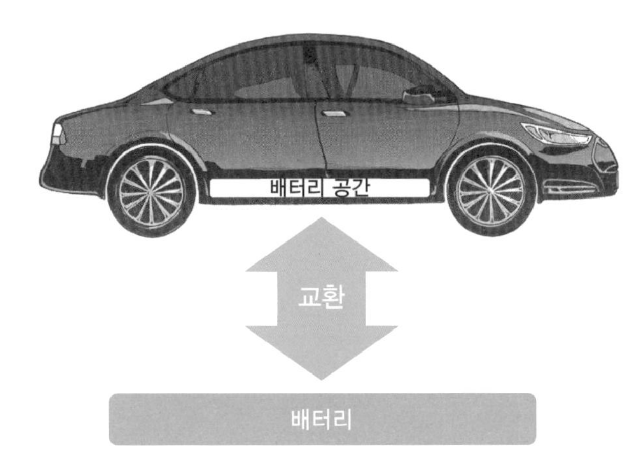

전지 교환 방식을 채용한 테슬라 '모델S'

64

어디든 주행하는 전기자동차 2

EV의 전차화

EV 충전 문제를 해결하기 위한 또 하나의 방법은 EV의 '전차화'이다. 즉, 외부에서 전기 공급을 받으며 주행하는 방식이다. 도로상에 전선을 노출시켜 하향의 팬터그래프를 사용하는 '접촉식'의 경우 현재의 기술로도 가능하다.

비슷한 시스템이 스웨덴 볼보버스에서 개발되었다. PHEV 타입의 버스 지붕에 팬터그래프를 설치하고 버스 정류장에서 정차 중에 용량 19킬로와트시(kWh)의 리튬 이온 전지를 충전하는 방식이다. 충전 없이 전기로 달릴 거리(EV 주행거리)는 2~5 km이지만 버스 정류장에서 충전을 반복하면 운행 경로의 약 70 %를 EV 모드로 주행할 수 있다고 한다.

이는 일반 차에도 적용 가능한데, 예를 들어 교차로에서 일시 정지 중에 급속 충전을 반복하는 방법도 생각할 수 있다. 참고로 볼보버스에서는 처음에는 팬터그래프에 의한 접촉방식이지만 미래에는 비접촉 무선 방식을 고려하고 있다. 비접촉 무선 충전시스템은 BMW가 도쿄 모터쇼에서 선보이기도 했다.

궁극적인 방식은 주행하면서 충전하는 방식으로, 실증실험에 성공한 사례가 있다. 도요하시 기술과학대학은 2016년 3월, 다이세이건설과의 공동연구로 배터리를 탑재하지 않는 EV를 주행 실험에 성공했다고 발표했다. 대학 구내에 설치된 길이 약 30 m의 전용 도로상에서 1인승 EV가 시속 약 10 km로 주행했다.

이 도로에는 2개의 전극판이 매장되어 있어 이 전극판으로부터 고주파 전력을 EV 타이어 내부의 금속에 무선 송전함으로써 모터를 구동하는 방식이다. 같은 대학에서는 배터리를 탑재하지 않는 EV 주행은 최초라고 한다.

이러한 시스템이 고속도로의 일부 구간에 설치된다면 비교적 작은 배터리로 장거리 주행이 가능해질 것이다.

그림 '전차화'로 '어디든 달릴 수 있는' EV의 실현

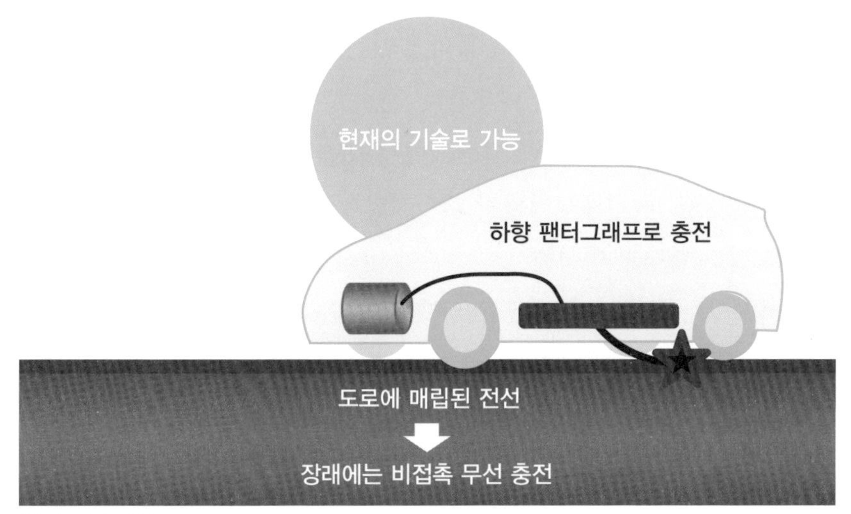

(출처) 저자 작성

65

라이프스타일은 이렇게 변한다

거실에서 병원 대기실로

EV화로 인해 우리의 라이프스타일이 어떻게 바뀌어 갈 것인가? 여기에서 EV화의 본래 목적을 잊어서는 안 된다. 그것은 지구 온난화 대책으로 CO_2를 줄이고자 함이다. 그 목적 없이는 캘리포니아, 중국, 유럽에서 가솔린차를 폐기할 명목을 내세울 수 없는 이유인 것이다. CO_2 저감은 EV만으로는 안 되며 동시에 발전소에서 배출되는 CO_2도 0이어야 하기 때문에 태양광 등 신재생에너지로의 전환이 필수적이다. 그래서 자동차 혁명은 발전 혁명과 병행해서 나아가야 한다.

메가솔라도 늘어나야 하겠지만 많은 주택도 태양광과 가정용 축전지를 갖춰야 할 것이다. 또한 주차 중인 EV의 배터리는 가정용으로도 사용할 수 있다. 테슬라는 EV, 고정형 축전지, 태양광 발전을 모두 갖추고 있다.

자동차의 사용법도 달라져야 한다. 차는 주행하기 위해서 만들어졌지만 실제로는 정차해 있는 시간이 훨씬 많다. 현재 가솔린차는 주차 공간을 차지한다는 문제점이 많지만 EV 시대에는 바뀔 것이다. 배기가스도 소음도 없는 EV는 실내 주차가 가능하기 때문에 실내에 둔다면 인테리어의 일부인 가구처럼 될 수도 있다. 또한 거실 한 모퉁이에서 오디오룸이나 서재로 쓸 수도 있다. 이렇듯 가구와 같이 멋진 디자인을 한 EV도 판매될 날이 올 것이다.

EV는 고령화 대책에도 기여할 수 있다. 병원이나 노인 복지 센터에 가려면 일단 밖으로 나가 차로 이동을 할 것이다. 그것이 자택의 거실에 주차한 EV를 탄 채로 병원의 대합실까지 가는 것도 가능해진다. 긴급한 경우, 심야에 나가도 누구에게도 폐를 끼치는 일은 없다.

이러한 용도로 적합한 형태는 1~2인승 초소형 EV나 퍼스널 모빌리티라고 불리는 차량이다. 지금은 법적인 규제가 있지만 10년 후에 규제가 풀리고 완화되면 거리를 마음껏 달리고 있을 것이다.

EV가 있는 라이프스타일

주차 중 역할

- 가정용 배터리로 활용
- 주차 시 개인공간으로 활용

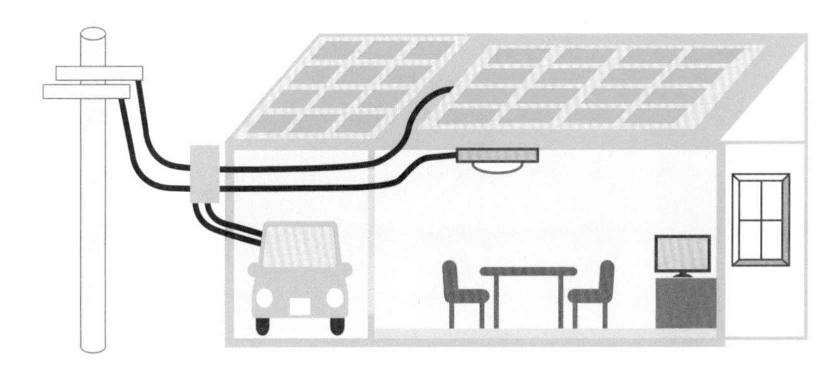

(출처) 저자 작성

찾아보기

ㄱ

갈라파고스화(고립화) 48
고체 전지 77
교류 타입 90
급속 충전 50, 131

ㄴ

납산배터리 56

ㄷ

도로교통법 52
디젤게이트(부정문제) 42

ㄹ

레이저 계측 차량 128
리튬
136
리튬 이온 배터리 71

ㅂ

발전차액자원제도(FIT) 82
배출가스 제로 자동차(ZEV) 46
배터리 50
배터리 교환 스테이션 160
보통 충전 131

ㅅ

시리즈(series) 28

실주행거리 50

ㅇ

연료전지차(FCEV) 32
영구자석 동기형 91
완속 충전 51
원페달 주행 100
유도 모터 90
유리 섬유 강화 플라스틱(FRP) 126

ㅈ

자율주행운전 80
직류 타입 90

ㅊ

초급속 충전 131

ㅋ

커넥티드 기술 102
커넥티드 카 139

ㅌ

탈가솔린화 42
태양광 발전 82

ㅍ

패러럴(parallel) 28
풍력 발전 82
플러그인 28

ㅎ

하이브리드 28

하향 팬터그래프 163
화석연료 94
희토류 112

C

CFRP(탄소섬유 복합재) 127
COP21(기후변화협정당사국총회) 42

E

ecology(환경성) 22
economy(경제성) 22
ECU(Electronic Control Unit) 128

F

FCEV 46, 48
Fuel셀(연료전지) 32

I

IEA(국제 에너지 기구) 54

P

PHEV(플러그인 하이브리드) 44

Z

ZEV 규제 38, 42

POST SCIENCE/09

전기자동차 혁명

새로운 시장을 열다

지은이 무라사와 요시히사
옮긴이 이성욱
감 수 김종춘
펴낸이 조승식
펴낸곳 (주)도서출판 북스힐
등록 제22-457호(1998년 7월 28일)
주소 서울시 강북구 한천로 153길 17
홈페이지 www.bookshill.com
E-mail bookshill@bookshill.com
전화 (02) 994-0071
팩스 (02) 994-0073

초판 1쇄 발행 2020년 1월 25일
초판 2쇄 발행 2021년 8월 10일

값 13,000원
ISBN 979-11-5971-253-1